Die Sauggasanlagen

ihre Entwicklung, Bauart, Wartung
und Prüfung

Aus der Praxis für die Praxis

bearbeitet von

G. Lieckfeld

Mit 47 in den Text gedruckten Abbildungen

München und **Berlin**

Druck und Verlag von R. Oldenbourg

1909

Vorwort.

Nur selten tritt der Fall ein, daß Erfindungen im praktischen Gebrauch von vornherein das halten, was man sich von ihnen versprochen hat. Auch dem erfahrensten Ingenieur gelingt es nicht, seiner neuen Idee auf den ersten Wurf die Ausführungsform zu geben, welche sie für immer beibehalten könnte, und im Grunde genommen ist denn auch die Mühe des Erprobens eine viel schwierigere Arbeit wie die des Erfindens.

Auch bei den Sauggasanlagen hat es seine Zeit gewährt, bis sich von ihnen sagen ließ, sie hätten ihre Entwicklungszeit, ihre Kinderkrankheiten, überstanden; erst in den letzten Jahren sind die Ausführungsformen gefunden, mit denen man im Gebrauch fertig wird, und lassen sich Vorschriften für die Wartung der Anlagen aufstellen, die auf die Dauer benutzt werden können.

Die Zeit ist also da, wo den interessierten Kreisen Gelegenheit zu geben ist, sich durch ein der Praxis angepaßtes Buch über den Entwicklungsstand, die Wartung und Prüfung solcher Maschinenanlagen zu belehren. Diesem Zweck entsprechend ist bei Bearbeitung des vorliegenden Buches besonders berücksichtigt, daß Motorenbesitzer oder Wärter und solche, die es werden wollen, in jedem einzelnen Fall den gesuchten Rat schnell und erschöpfend in dem betreffenden Abschnitt finden, ohne an anderen Stellen des Buches nachschlagen zu brauchen.

Möge das Werk dazu beitragen, das Verständnis für die Eigenart der Sauggasanlagen zu fördern und das Arbeiten mit ihnen angenehm zu machen.

Hannover, im Mai 1909.

G. Lieckfeld.

Inhaltsverzeichnis.

Erster Abschnitt.

Entwicklung der Sauggasanlagen.

Obgleich sich das Leuchtgas vorzüglich für den Betrieb der kleinen Verbrennungsmotoren eignet, so war man sich doch von vornherein darüber klar, daß der Leuchtgasmotor für g r o ß e Kräfte mit der großen Dampfmaschine hinsichtlich der Betriebskosten nicht konkurrieren könne, denn die aus dem Leuchtgas gewonnene Wärme kostet fast neunmal so viel wie die aus den rohen Steinkohlen erzeugte, welche zur Beheizung des Dampfkessels verwendet wird. Der hohe Preis des Leuchtgases hat seinen Grund vornehmlich darin, daß für seine Fabrikation nur die gasförmigen Bestandteile der Kohle herangezogen werden, während der feste Kohlenstoff, trotzdem er den Hauptbestandteil der Steinkohle ausmacht, nicht in Frage kommt, sondern in Form von Koks als Nebenprodukt zurückbleibt. Zur Gewinnung eines Kubikmeters Leuchtgas gehören fast 4 kg gute Steinkohlen, die als solche einen Heizwert von ca. 28 000 Wärmeeinheiten darbieten, während in dem einen Kubikmeter Leuchtgas nur 5000 Wärmeeinheiten enthalten sind. Zu dieser geringen Ausnutzung der rohen Kohlen gesellen sich dann noch die erheblichen Fabrikationskosten des Leuchtgases.

Solange also nicht ein billigeres Gas wie das Leuchtgas zur Verfügung stand, war es ein vergebliches Bemühen sich mit der Konstruktion größerer und großer Gasmotoren zu beschäftigen. Die größten Vervollkommnungen des im Kleinbetriebe ökonomischen Gasmotors würden nicht im entferntesten ausgereicht haben, den großen Gasmotor so rentabel wie die gleich große Dampfmaschine zu machen. Dazu gehörte also vor allen Dingen ein sehr viel billigeres Gas, und es währte auch gar nicht lange, bis die Motoren-

konstrukteure dies erkannten und Umschau nach billigeren
Gasen hielten.

Als ein guter Wegweiser auf der Suche nach solchen
billigen »Brenngasen« erwies sich zu jener Zeit das im
Jahre 1857 erschienene Werk von Robert Bunsen »Gaso-
metrische Methoden«. Bunsen beschreibt hier neben Ver-
brennungsversuchen mit Leuchtgas auch solche mit dem
billigen Kohlenoxyd und dem Wasserstoff in einer für die
Praxis sehr brauchbaren Weise. Ferner waren zu jener
Zeit auch schon die Fr. Siemenschen »Generatorfeuerungen«
in Gebrauch, bei denen ein in der Hauptsache aus Kohlenoxyd bestehendes sehr billiges Heizgas aus Steinkohlen,
Braunkohlen oder Torf in sehr einfacher Weise erzeugt
und in Hütten- und ähnlichen Betrieben mit großem
Vorteil verwendet wurde. Endlich hatte man zu Ende
der siebziger Jahre in Amerika erfolgreiche Versuche gemacht, ein aus einem Gemisch von Wasserstoff und
Kohlenoxyd bestehendes billiges Brenngas, das sog. Wassergas in großem Stil herzustellen. In diesen Entdeckungen
und Erfindungen hat sich dann das Material zur Beschaffung
genügend billiger Gase für den Betrieb großer Motoren,
die mit den großen Dampfmaschinen in Wettbewerb treten
konnten, geboten.

Die bekannten Feuerungs- und Gasingenieure Fr. Siemens
und Wedding schlugen dann anfangs der achtziger Jahre
vor, nach Art der Leuchtgasanstalten zentrale Kraftgas-
werke zu errichten, in denen ein in der Hauptsache aus
Kohlenoxyd und Wasserstoff bestehendes Gas hergestellt
und durch Rohrleitungen den einzelnen Verbrauchsorten
zur Erzeugung von Kraft und Wärme zugeführt werden
sollte. Diese Pläne kamen aber wenig oder gar nicht zur
Ausführung, denn sie entsprachen nicht den Wünschen
der Motorenfabrikanten. Diese wollten nicht nur ein
billiges Brenngas haben, sondern mit ihren Motoren auch
unabhängig von zentralen Gasanstalten werden. Jeder
größere Gasmotor sollte nun auch seine eigene Gasanstalt
mit auf den Weg bekommen, denn erst dann würde er
alle Eigenschaften besitzen, um sich mit der Dampfmaschine messen zu können.

Die Lösung dieser Aufgabe kam aus England. Zu
Mitte der achtziger Jahre brachte der Fabrikant Dowson
eine Zusammenstellung von äußerst einfachen Apparaten
zur Erzeugung eines Kraftgases aus Kohlenoxyd und Wasserstoff auf den Markt, welche sich in der Praxis gut bewährte und billig genug war, um sie sogar für kleinere
Motoren mit Vorteil benutzen zu können.

Unter der Bezeichnung D o w s o n g a s a n l a g e n oder
D r u c k g a s a n l a g e n sind diese Einrichtungen in allen
Staaten gebaut und noch heute vielfach im Betriebe. In
Fig. 1 ist eine solche Anlage dargestellt, deren Arbeits-
weise aus der nebenstehenden Erklärung verständlich
werden wird.

Eine lästige Zugabe der Druckgasanlagen war der
Dampfkessel, den der Betrieb des Dampfstrahlgebläses
forderte. In gewissem Sinne waren damit ja die Vorzüge
des Gasmotors gegenüber der Dampfmaschine wieder auf-

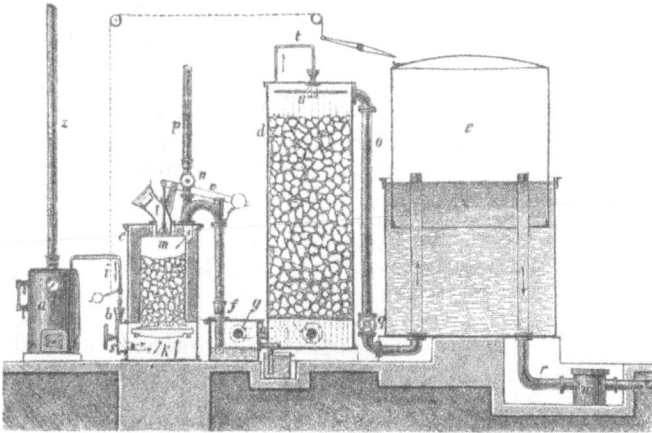

Fig. 1. **Alte Dowsongasanlage aus dem Jahre 1884.**

a Dampfkessel zur Erzeugung des Dampfes für das Dampfstrahlgebläse b,
welches Luft und Dampf in die glühenden Kohlen bläst. — c Generator-
mantel. — m Generatorschacht, in dem der Brennstoff vergast wird. —
k Aschenfall unter dem Feuerrost. — s Dicht verschließbare Aschentür. —
i Gasdichte Brennstoffschleuse, durch welche der Brennstoff in den Generator
gefüllt wird. — v Hebel, mit dem der Schleusenkegel betätigt wird. — f Gasabzugrohr aus dem Generator. — g Verbindungsrohr des Wasserabschluß-
topfes h mit dem Unterteil des Gaskühlers (Skrubbers) d. — u Wasserrohr
zur Berieselung der Koksfüllung, durch die das Gas hochsteigt und sich
schnell abkühlt. — o Rohr für das gekühlte Gas nach dem Gasometer e. —
r Gasrohr nach dem Motor. — w Wasserabschlußtopf. — Wenn die Gasometerglocke gefüllt ist, stößt sie an einen Hebel und sperrt durch die Ketten-
leitung i das Dampfstrahlgebläse ab).

gegeben, denn man hatte nun doch wieder mit der Ex-
plosionsgefahr eines Dampfkessels zu rechnen, es mußte
wieder die »Konzession« für Aufstellung des Kessels ein-
geholt werden. Der Wärter hatte seine Aufmerksamkeit
der Feuerung und Speisung zuzuwenden, und für ununter-
brochen arbeitende Anlagen war sogar ein Reservekessel

nötig, um die vorschriftsmäßigen Kesselrevisionen und
Reinigungen vornehmen zu können. Auch der nötige
Gasometer brachte manche Unbequemlichkeiten mit sich,
er erforderte erheblichen Platz, im Winter war er dem
Einfrieren ausgesetzt und bei unregelmäßiger Kraftabnahme
kommen leicht Störungen in der Gasbildung und im Betrieb des Dampfkessels vor. Es lag nun der Gedanke
nahe, den Dampfkessel ganz zu beseitigen und den Versuch zu machen, ob nicht die Saugwirkung des Motors
hinreichen würde, angefeuchtete Luft durch den Generator hindurchzusaugen. Durch das natürliche Sättigungs-
vermögen der Luft mit Wasserdampf von atmosphärischer
Spannung konnten dem Generator ja genügende Wassermengen zugeführt werden. Es war dann auch nicht mehr
nötig, einen Vorrat von Gas anzusammeln, da immer gerade nur so viel Gas erzeugt wurde, wie der Motor brauchte.
Die Verwirklichung dieser Idee kam diesmal aus Frankreich. Es war der Franzose Bénier, welcher in Gemein-
schaft mit der Société des Moteurs-Gazogènes zu Anfang
der neunziger Jahre den in Fig. 2 dargestellten Sauggasgenerator auf den Markt brachte.

Aus der ganzen Anordnung ersieht man sofort, daß
Bénier bei seinen Konstruktionen ganz eigenen Ideen ge-
folgt war, daß ihm wohl keine Erfahrungen mit Druckgasanlagen zur Seite gestanden haben können, denn der
Apparat macht keineswegs einen vertrauenerweckenden
Eindruck und hat sich auch nicht in der Praxis bewährt.
Er hat aber insofern großes Interesse, als mit ihm
gezeigt wurde, daß es ausführbar sei, die Gaserzeugung
durch die Saugwirkung des Motors selbst zu betätigen und
damit den Dampfkessel und den Gasometer zu beseitigen.

Erwähnt mag noch werden, daß Bénier mit seinem
neuen Gaserzeuger auch einen neuartigen Motor vereint
hatte, für den ihm ebenfalls keine Erfahrungen zur Seite
standen und der auch wohl dazu beigetragen hat, daß
seine Anlagen nicht befriedigten.

Das System Bénier ist aber die Ursache gewesen, daß
der Wert des Sauggasprinzipes erkannt wurde. Fast
alle großen Motorenfabriken wurden hierdurch veranlaßt,
sich mit der Konstruktion von Sauggasanlagen zu beschäftigen, und fanden sehr bald heraus, daß es eigentlich
kaum der Versuche bedürfe, denn jede Dowsongasanlage konnte ohne weiteres in eine Sauggasanlage verwandelt werden, wenn einfach der
Dampfkessel durch eine offene Verdampfschale
ersetzt und der Gasometer fortgelassen wurde.

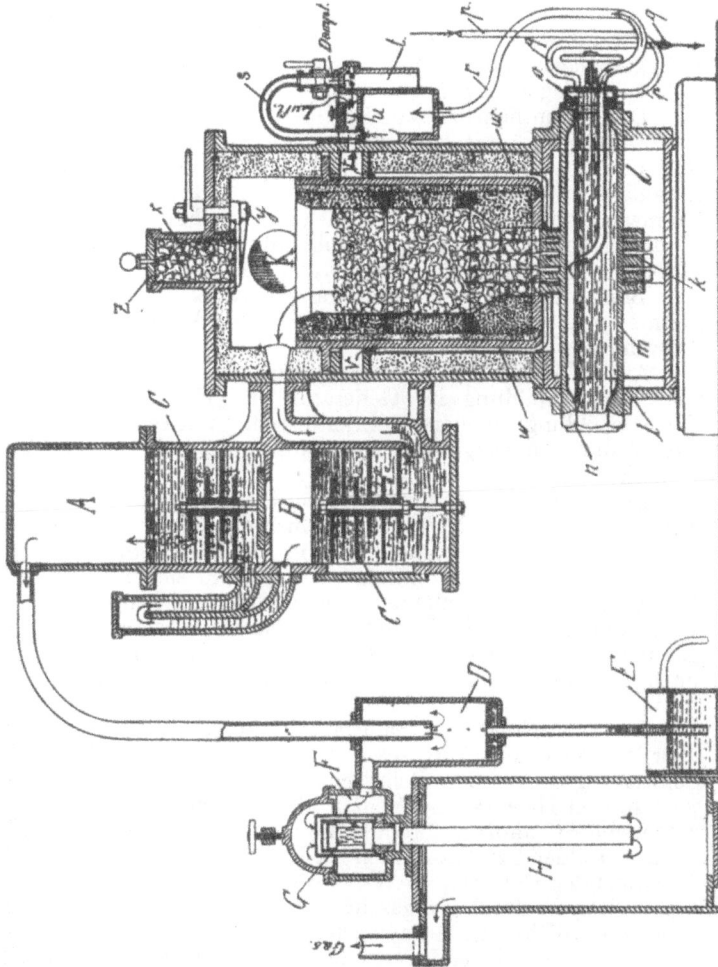

Fig. 2. Béniers erste Sauggasanlage.

Unter dem Generatorschacht liegt der drehbare Kammrost m, welcher am Sechskant n gedreht werden kann, um den benutzten Teil von Schlacken zu reinigen. — Der Hohlraum von m ist mit Wasser gefüllt und dient zur Erzeugung des Wasserdampfes. — p Wasserzufluß. — q Wasserüberlauf. — r Dampfrohr. — t Lufteintritt. — u Mischraum für Luft und Dampf. — v Ringförmiger Sammelraum für das Dampf-Luft-Gemisch. — A u. B Gaskühler. — CC Leitplatten für das Gas. — D Entwässerungsraum für das Gas. — E Wasserabschlußtopf. — $Fu.G$ Entstäubungsräume. — H Gassammler. — x, y u. z Brennstoffschleuse. — K Öffnung für den Gasabzug nach außen. — w Kanäle, durch welche das Dampf-Luft-Gemisch nach dem Rostraum gelangt und vorgewärmt wird. — l Aschenfall.

Für die übrigen Teile bedurfte es keiner Neukonstruktionen. Generator, Gaskühler und Gasreiniger sind für die heutigen Sauggasanlagen ebenso geblieben, wie sie sich für die Druckgasanlagen bewährt hatten.

Die wesentlichsten Vorzüge der Sauggasanlagen vor den Druckgasanlagen sind die größere Einfachheit, Billigkeit und der geringe Platzbedarf. Daneben sind die Sauggasanlagen weniger gefährlich, weil in all ihren Hohlräumen Unterdruck herrscht und im Falle geringer Undichtigkeiten kein giftiges Kohlenoxydgas in den Aufstellungsraum der Anlage treten kann. Endlich spart man den Brennstoff für den Dampfkessel und kann die »Abwärme« des Gases zur Ergänzung des Wasserdampfes verwenden.

Als Schattenseiten der Sauggasanlagen war geblieben die Schlackenbildung im Generator, die Flugasche und die Teerbildung in den Rohrleitungen, welche sich bei Verwendung ungeeigneten Brennstoffes oft sehr störend bemerkbar machen.

Das Ideal eines Brennstoffes für Sauggasanlagen wäre reiner Kohlenstoff, der sich aber in der Natur nicht vorfindet. Am nächsten kommt ihm die Holzkohle, der Anthrazyt und der Hüttenkoks. Leider sind sich nun die Kohlenzechen und noch mehr die Kohlenhändler meistens völlig unklar über die Brauchbarkeit ihrer Ware für Sauggasanlagen, sie wissen nicht, worauf es ankommt, und noch viel weniger können sie den Brennstoff daraufhin prüfen.

Die Störenfriede der Sauggasanlagen sind wie gesagt Teer, Schlacke und Flugasche, zu denen sich häufig noch Schwefel gesellt. Der Belästigung durch Teer ist man jetzt so weit Herr geworden, daß ohne Bedenken auch gewöhnliche Steinkohle, Braunkohle und Torf, welche als stark teerbildend zu bezeichnen sind, in zweckentsprechend eingerichteten Generatoren verfeuert werden können. Den Verstopfungen durch Flugasche begegnet man durch ausreichende Weite der Gasrohrleitungen, der Schlackenbildung durch genügend weite Generatorschächte, und den Schwefel, der die Ursache des schlechten Geruches des Generatorgases ist, entfernt man dort, wo er störend wirkt, durch Einschaltung besonderer Reiniger, wie sie von der Leuchtgasfabrikation her bekannt sind. Heute läßt sich ohne Bedenken sagen, daß jede von einer zuverlässig arbeitenden Fabrik gelieferte Sauggasanlage, die mit gutem Brennstoff gespeist und sorgfältig gewartet wird, zu den betriebssicheren Kraftanlagen gerechnet werden kann.

Die geringen Betriebs- und Anschaffungskosten, die scheinbar so einfache Wartung der Sauggasanlagen gegenüber anderen Kraftmaschinen führten sehr bald dazu, daß eine große Zahl von Maschinenfabriken den Motorbau neu aufnahm. Nur zu häufig haben diese Fabriken ihre Erstlingswerke aber mit großem Schaden zurücknehmen und einsehen müssen, daß der Motorenbau Lehrgeld kostet. In den Kreisen der kraftbedürfenden Gewerbe sind die Sauggasanlagen dadurch leider in Verruf gekommen, und es wird lange Zeit dauern, bis man zu der neuen Kraftmaschine wieder das ihr gebührende Vertrauen hat.

Zweiter Abschnitt.

Die Kraftgase und ihre Verwendung
für Verbrennungsmotoren.

Die heute für den Betrieb von Verbrennungsmotoren benutzten gasförmigen Brennstoffe sind alle G e m i s c h e verschiedener Brenngase. Einzelne, eine chemische Verbindung für sich darstellende Gase werden in der Praxis bisher nicht verwendet, sie sind nicht nur zu teuer in der Herstellung, sondern auch meistens gar nicht für den Betrieb von Motoren geeignet. Es ist überhaupt nicht einmal nötig, daß ein gasförmiger Motorenbrennstoff aus lauter brennbaren Gasen zusammengesetzt ist, die Praxis hat vielmehr gezeigt, daß man auch mit solchen Gasgemischen gute Resultate erreicht, die mehr n i c h t brennbare wie brennbare Gase enthalten.

Die einzelnen Gase, aus welchen sich die heutigen Kraftgase zusammensetzen, sind:

das Kohlenoxyd (CO)
der Wasserstoff (H)
der Methan (CH_4)
das Äthylen (C_2H_4)
} als brennbare Gase,

der Stickstoff (N)
die Kohlensäure (CO_2)
} als nichtbrennbare Gase.

Die Gemische aus diesen Gasen, welche für den Motorenbetrieb verwendet werden, sind:

1. Das Leuchtgas, zusammengesetzt aus durchschnittlich

46 % Wasserstoff	
38 % Methan	
2 % Äthylen	Heizwert pro Kubikmeter
7 % Kohlenoxyd	5000 Wärmeeinheiten,
Rest verschiedene andere	Spezifisches Gewicht
Kohlenwasserstoffe,	durchschnittlich 0,5
Kohlensäure und	
Stickstoff	

2. Das Koksofengas, von sehr schwankender Zusammensetzung, durchschnittlich aus

50 % Wasserstoff	Heizwert pro Kubikmeter
32 % Methan	4500 Wärmeeinheiten
7 % Kohlenoxyd	Spezifisches Gewicht
Rest Stickstoff	durchschnittlich 0,6
Kohlensäure	

3. Das Wassergas, zusammengesetzt aus durchschnittlich

52 % Wasserstoff	Heizwert pro Kubikmeter
38 % Kohlenoxyd	2400 Wärmeeinheiten
5 % Kohlensäure	
5 % Stickstoff	

4. Das Gichtgas, zusammengesetzt aus durchschnittlich

28 % Kohlenoxyd	Heizwert pro Kubikmeter
4 % Wasserstoff	900—1000 Wärmeeinheit.
63 % Stickstoff	
5 % Kohlensäure	

5. Generatorgas — Mischgas — hergestellt aus Anthrazit oder Koks, zusammengesetzt aus durchschnittlich

26 % Kohlenoxyd	Heizwert pro Kubikmeter
17 % Wasserstoff	durchschnittlich
2 % Kohlenwasserstoff	1200 Wärmeeinheiten
52 % Stickstoff	
Rest Kohlensäure	

6. Generatorgas — Mischgas — hergestellt aus Braunkohlenbriketts, zusammengesetzt aus durchschnittlich

18 % Kohlenoxyd	
20 % Wasserstoff	Heizwert
5 % Kohlenwasserstoff	sehr verchieden.
52 % Stickstoff	
Rest Kohlensäure.	

Die unter 5 und 6 angeführten »Generatorgase« sind es, mit denen wir uns hier zu beschäftigen haben. Ihre wirksamen Bestandteile sind Kohlenoxyd, Wasserstoff und Kohlenwasserstoffgase. Stickstoff und Kohlensäure sind nicht brennbare Gase; sie wirken nicht wärmeerzeugend, sind im übrigen aber nicht schädigend für die Krafterzeugung.

Das Kohlenoxydgas — CO — ist eine Verbindung von Kohlenstoff und Sauerstoff, es ist ein farbloses, geruch- und geschmackloses Gas. Sein spezifisches Gewicht ist dem der Luft fast gleich. An der Luft entzündet, verbrennt es mit blauer Flamme zu Kohlensäure. Wärmewert pro Kubikmeter 2050 Wärmeeinheiten. Das Kohlenoxydgas entwickelt sich bei allen Feuerungen des Haushaltes und der Gewerbe und ist bekannt durch seinen stark schädigenden Einfluß auf den menschlichen Organismus. Alle Vergiftungen durch »Ofendunst«, »Gichtgase« und Leuchtgas sind hauptsächlich auf Einwirkung des Kohlenoxydes zurückzuführen. Während die meisten andern giftigen Gase uns durch ihren starken Geruch rechtzeitig warnen, wird man sich der Einatmung von Kohlenoxyd erst durch Schwindelgefühl bewußt, dem sehr schnell Bewußtlosigkeit folgt.

Der Wasserstoff — H — ist ebenfalls ein farb-, geruch- und geschmackloses Gas, von sehr geringem spezifischen Gewicht; es ist fast 15 mal leichter wie die atmosphärische Luft. An der Luft entzündet, verbrennt es mit schwach sichtbarer Flamme zu Wasser. Wärmewert pro Kubikmeter 2573 Wärmeeinheiten. Der Wasserstoff gehört zu den verbreitetsten Körpern, in Verbindung mit Sauerstoff bildet er das Wasser, außerdem ist er in fast allen organischen Körpern enthalten. Für seine Verwendung im Kraftgas ist von besonderem Interesse, daß er eine verhältnismäßig niedrige Entzündungstemperatur hat, während die des Kohlenoxydes höher liegt.

Wie wir später hören werden, ist der Verdichtungsgrad der Ladung des Verbrennungsmotors abhängig von der Entzündungstemperatur des benutzten Brennstoffes. Das viel Wasserstoff enthaltende, im Sauggasgenerator gewonnene Gas kann also nicht so hoch verdichtet werden wie z. B. das Gichtgas des Eisenhochofens, welches fast nur Kohlenoxyd enthält.

Methan- und Äthylengas sind Verbindungen des Kohlenstoffes mit Wasserstoff, beide Gase treten nur in geringer Menge im Generatorgas auf, von größerer Bedeutung sind sie beim Leuchtgas, wo sie ja in größerer

Menge vorhanden sind. Sie verbrennen, an der Luft entzündet, mit leuchtender Flamme und geben den in Schnitt-
und Argandbrennern erzeugten Gasflammen ihre Leucht-
kraft. Bei dem heute fast ausschließlich benutzten Gas-
glühlicht kommt die Leuchtwirkung des Äthylens und
Methans nicht mehr zur Wirkung, sondern hier wird wie
im Leuchtgasmotor Luft und Gas vor der Verbrennung
gemischt und gelangt erst an der Brennermündung als
nichtleuchtende, dafür aber als sehr heiße Flamme
zur Verbrennung, durch die der Glühstrumpf zur Weißglut erhitzt wird.

Von den nicht brennbaren im Generatormischgas
enthaltenen Gasen tritt der **Stickstoff** in größter Menge
auf, mehr wie die Hälfte des gesamten Gasvolumens besteht aus diesem an der Wärmebildung nicht teilnehmenden
Gase. Hierzu kommt noch, daß dem Gas vor dem Eintritt in den Motor mit der Ladeluft abermals ganz erhebliche Mengen Stickstoff zugemischt werden. Ist der Stickstoff am Verbrennungsvorgang direkt auch nicht beteiligt,
so muß doch angenommen werden, daß er beim Umsetzen
der Wärme in Arbeit einen günstigen Einfluß ausübt, und
zwar in der Weise, daß er die Verbrennungstemperatur
herabsetzt und die Dauer der Verbrennung verlängert.
Würde der Stickstoff in der Gasmotorenladung fehlen und
reine Brenngase mit reinem Sauerstoff zur Verbrennung
gebracht werden, so hätten wir es mit einem Explosions-
motor und nicht mit einem Verbrennungsmotor zu tun,
und explosionsartige Verbrennungen können nutzbringend
nicht in Verbrennungskraftmaschinen verwertet werden.

In der Natur kommt der Stickstoff hauptsächlich als
Bestandteil der atmosphärischen Luft vor. 100 Raumteile
Luft enthalten 78,4 Teile Stickstoff und 20,8 Teile Sauerstoff. Als Bestandteil der Luft, für Zwecke des Atmens,
fällt dem Stickstoff dieselbe Rolle wie im Verbrennungsmotor zu, er dient dazu, den Sauerstoff zu verdünnen und
dessen Wirkung abzuschwächen.

Wir kommen schließlich zur **Kohlensäure** — CO_2 —.
Je mehr Kohlensäure das Generatormischgas enthält, um
so mangelhafter arbeitet der Generator. Unter normalen
Verhältnissen soll das Gas nicht mehr wie 3—4 % Kohlensäure enthalten. Als Bestandteil des Mischgases bietet die
Kohlensäure für uns wenig Interesse. Von größerem Interesse ist, daß sie sich in großen Mengen bei Verbrennung
der Ladung im Motor bildet und neben dem gleichfalls
entstehenden Wasserdampf einen Hauptbestandteil der
Auspuffgase bildet. Obgleich die Kohlensäure ein farb-

und geruchloses Gas ist, haben die Auspuffgase dennoch
häufig einen belästigenden Geruch; dieser rührt dann also
nicht von der Kohlensäure her, sondern er wird durch
die mit den Verbrennungsprodukten entführten Schmieröldämpfe und den etwaigen Schwefelgehalt der Kohle
hervorgerufen. Die Kohlensäure wirkt in Verbindung mit
dem Wasserdampf in den Auspuffrohren stark rostbildend
und zerfrißt dünne schmiedeeiserne Auspuffrohre oft schon
in Jahresfrist.

Eigenschaften der Generator-Kraftgase, welche für den Motorbetrieb in Frage kommen.

Für die Verwendung eines Gases als Motorbrennstoff
kommen folgende Eigenschaften in Betracht.

1. Der Preis.
2. Der Wärmewert.
3. Die Einfachheit der Herstellung.
4. Die Möglichkeit der Verbrennung ohne störende
   Rückstände.
5. Die Möglichkeit sicherer Entzündung seiner Gemische mit Luft innerhalb weiter Grenzen des
   Mischungsverhältnisses.
6. Zulassung hoher Verdichtung des Gas - Luft-
   gemisches.
7. Geringe Feuers-, Explosions- und Vergiftungsgefahr.
8. Geringe chemische Einwirkung des Gases und
   seiner Verbrennungsprodukte auf das Material des
   Motors.
9. Geringer Geruch des Gases und seiner Verbrennungsprodukte.

Prüfen wir das Generator-Kraftgas auf diese Eigenschaften, so steht es hinsichtlich des **Preises** sehr günstig;
es ist das billigste der heute bekannten Gase, welche für
den Betrieb von Motoren hergestellt werden. Es hat einen
durchschnittlichen **Wärmewert** von 1200 Wärmeeinheiten
pro Kubikmeter. Je nach Größe und Konstruktion des
Motors werden 2200—2500 der aus Generatorgas erzeugten
Wärmeeinheiten für eine Stunden-Pferdestärke gebraucht.
Bei Benutzung von Anthrazit entspricht dies einem Ge-
wichtsaufwand von 0,35—0,42 kg, bei Gaskoks 0,43—0,48 kg
und bei Braunkohlen 0,55—0,68 kg. Wie wir später aus
der Beschreibung der Generatoranlagen und ihrer Wartung

erfahren werden, läßt die **Einfachheit der Darstellung** des Gases schon heute wenig zu wünschen übrig. Jeder zuverlässige Arbeiter kann die Bedienung einer solchen Anlage in kurzer Zeit erlernen. Sie besteht im wesentlichen darin, daß rechtzeitig Brennstoff aufgegeben wird, daß die Wasserzuflüsse richtig eingestellt werden, und daneben die Reinhaltung und Abdichtung der Gasrohrleitung und Verschlüsse rechtzeitig und sorgfältig besorgt wird.

Auch die **Verbrennbarkeit ohne störende Rückstände** genügt allen Ansprüchen. Wird für teer- und staubfreies Gas gesorgt, so ist das Reinigungsbedürfnis des Motors nicht größer wie beim Leuchtgasbetrieb. Von Wichtigkeit ist nur die Einstellung des zweckmäßigsten Mischungsverhältnisses. Es sind in der Regel beide Zuleitungen, die für Luft und die für Gas verstellbar und mit Marken für das Anlassen, für den Vollgang und den Leergang versehen. Der Wärter gewinnt sehr bald das richtige Gefühl, durch kleine Abänderungen in der Stellung der Regulierorgane (Hähne, Drosselklappen usw.) das richtige Mischungsverhältnis einzustellen.

Auch die **sichere Entzündung** des Generatorgases innerhalb weiter Gemischgrenzen genügt allen Ansprüchen, die in dieser Beziehung an ein Brenngas gestellt werden können, es tritt sogar bei diesem Gase die schon von Robert Bunsen beobachtete Erscheinung auf, daß dünne Gemische, welche bei atmosphärischer Spannung nicht mehr entzündbar sind, durch genügend hohe Verdichtung, wie sie im Motor stattfindet, wieder entzündbar gemacht werden können. Geschickten Wärtern gelingt es daher, durch entsprechende Einstellung des Gemisches den Motor anzulassen, trotzdem sich die Probeflamme am Motor noch nicht entzünden läßt. Selbstverständlich arbeiten die Sauggasmotoren alle mit elektrischer Zündung, denn für die Benutzung eines Zündrohres würde eine kostspielige Einrichtung zur Erzeugung der Heizflamme nötig sein.

Von größter Bedeutung für die Wirtschaftlichkeit eines Verbrennungsmotors ist **die Möglichkeit, das Brennstoff-Luftgemisch hoch verdichten zu können.** Das Gas der Sauggasanlagen steht in dieser Hinsicht fast an erster Stelle und wird nur noch von dem »Gichtgas« übertroffen. Während man das Leuchtgas nur bis etwa 11 Atm. verdichten kann, ohne eine Vorentzündung befürchten zu müssen, läßt das Sauggas Verdichtungen bis 15 Atm. zu.

Die Möglichkeit, das Generatorgas hoch verdichten und daher vorteilhaft verbrennen zu können, trägt viel

dazu bei, daß gleich große und gleich schnellaufende
Motoren, die mit Sauggas bzw. Leuchtgas betrieben werden,
fast gleich stark sind.

Die **Feuers-, Explosions- und Vergiftungsgefahr**
bei den Sauggasbetrieben ist bei gut bedienten Anlagen
geringer wie bei Druckgasanlagen, weil in allen Rohrleitungen und Apparaten Unterdruck herrscht und die Gemische, welche sich unter ungünstigen Verhältnissen in
den Hohlräumen der Anlage bilden können, mit schwächerem Druck explodieren wie beim Druckgas. Die Vergiftungsgefahr durch Generatorgas ist größer wie die durch
Leuchtgas, nicht allein durch seinen großen Gehalt an
Kohlenoxyd sondern auch dadurch, daß das Generatorgas
unter Umständen fast geruchlos sein kann. Viele Gewerbe-
aufsichtsbeamte fordern deshalb Einrichtungen für dauernde
Ventilation der Aufstellungsräume für die Gasanlage und
den Motor.

Gefahr tritt bei Sauggasanlagen hauptsächlich dann ein,
wenn sie nach einer Reinigung zum erstenmal wieder angelassen und wenn sie abgestellt werden. In den Apparaten
und Rohrleitungen herrscht dann der Ventilatordruck oder
atmosphärische Spannung, so daß Gasausströmungen durch
nicht dichte Verschraubungen leicht möglich sind. Man
sollte daher die noch kalte Anlage nach jeder Reinigung
mit Ventilatorluft füllen und durch Bestreichen der
Fugen mit Seifenwasser prüfen, ob sie in allen Teilen
dicht hält.

Ein Generatorgas herzustellen, welches nicht die ge-
ringste **chemische Wirkung** auf das Material des Motors
hat, ist nur bei Verwendung von Holzkohlen als Brennstoff möglich, alle anderen Brennstoffe, Anthrazit, Koks und
Braunkohle, enthalten immer geringe Mengen Schwefel,
durch dessen Einwirkung Eisen, Kupfer und Rotguß im
Laufe der Zeit angegriffen werden. Stark schwefelhaltige
Kohlen finden sich aber selten im Handel. Ist man aber
durch irgendwelche Verhältnisse gezwungen, solch schwefelhaltige Brennstoffe dennoch benutzen zu müssen, so läßt
sich der Schwefel durch Einschaltung von zweckentsprechen-
den Reinigern genügend beseitigen. Der **schlechte Geruch** des Generatorgases und der Verbrennungsprodukte,
über den sich die Nachbarschaft von Sauggasanlagen öfter
beklagt, rührt von schwefelhaltigen Brennstoffen oder zu
starker Schmierung der Zylinder her. Einschaltung von
Eisenerzreinigern und hohe Abführung der Verbrennungsprodukte bilden hier wirksame Hilfsmittel.

Der Gasbildungsprozeß im Generator.

Kohlenoxyd bildet sich überall dort, wo Kohle bei ungenügendem Luftzutritt verbrennt oder wo Kohlensäure mit hellglühender Kohle in Berührung tritt. Beim Generatorbetrieb können diese beiden Prozesse unter Umständen nebeneinander laufen.

Beim ersten Zusammentreffen der Luft mit den auf dem Rost liegenden hellglühenden Kohlen verbindet sich der Sauerstoff der Luft mit dem Kohlenstoff zu Kohlensäure, und diese verwandelt sich bei weiterem Zusammentreffen mit höher liegendem glühendem Kohlenstoff sofort in Kohlenoxyd. Ist dann noch überschüssiger Sauerstoff vorhanden, so verbindet sich dieser in Berührung mit den nicht mehr hellglühenden Kohleschichten zu Kohlenoxyd. Das eigenartige dieses Gasbildungsprozesses besteht also darin, daß gegebenenfalls drei verschiedene chemische Prozesse nebeneinander laufen können: Kohlensäurebildung, Umwandlung der Kohlensäure in Kohlenoxyd und direkte Bildung von Kohlenoxyd. Ferner folgt aus der Art des Prozesses, daß im Generator immer eine »Glühschicht« von bestimmter Höhe erhalten bleiben muß, daß der Brennstoff von möglichst gleichmäßigem Korn sei, damit er sich gleichmäßig dicht lagert und eine ausreichende Berührung der Gase mit dem glühenden Kohlenstoff erfolgen könne, anderseits soll er aber auch wiederum nicht zu dicht liegen, damit dem »Hindurchsaugen« der Luft und der Gase kein zu großer Widerstand geboten wird.

Bei dem in solcher Weise durchgeführten Generator-prozeß wird der größte Teil des festen Kohlenstoffes in Kohlenoxydgas übergeführt, aber es ist zu berücksichtigen, daß das Gas den Generator auch mit der hohen Bildungstemperatur verläßt. Solange nun das Kohlenoxyd für Heizzwecke in Schmelz-, Schweiß-, Glühöfen usw. verwendet wird, geht die Bildungswärme dem Heizzweck nicht verloren. Anders verhält sich die Sache bei Benutzung des Gases für Motorzwecke, hier können wir die Bildungswärme nicht nutzbar machen, denn die »Ladung« des Motors soll kalt sein, damit wir ein möglichst großes Gewicht an Brennstoff und Luft in den Zylinder einsaugen können. Das aus dem Generator kommende Gas muß also abgekühlt werden, und damit ist die im Kohlenoxydgas angesammelte Bildungswärme für die Krafterzeugung verloren.

Ein günstiges Zusammentreffen will es nun, daß außer dem Kohlenoxyd aus dem glühenden Kohlenstoff noch ein anderes Brenngas, das schon erwähnte Wassergas,

bestehend aus Wasserstoff und Kohlenoxyd, hergestellt
werden kann; es entsteht, wenn man **Wasserdampf** durch
die Kohlenglut leitet.

Während nun bei dem geschilderten reinen Kohlen-
oxydprozeß überschüssige Wärme im Generator entsteht
und die mit dem Gas abgeführte Wärme für Motorzwecke
vernichtet werden muß, trifft es sich weiter günstig, daß
diese Gaswärme sehr bequem zur Erzeugung des Wasserdampfes benutzt werden kann und die überschüssige Wärme
im Generatorbrennstoff durch die Bildung des Wasser-
gases selbst erniedrigt wird. Bei den so vereinten Gas-
bildungsprozessen, des Kohlenoxydes und des Wasserstoffes
erhält man ein Mischgas, bei welchem 75—80% der theo-
retischen Wärmemenge der Kohlen in dem kalten Gas
dem Motor zugeführt werden können; mit dem reinen
Kohlenoxydbetrieb sind nur 60% auszunutzen.

Bei richtig gewählter Wasserdampfzuführung wirkt
die Abkühlung durch die Wassergasbildung auch insofern
noch heilsam auf den »Gang« des Generators, als das
Flüssigwerden und Festkleben der Schlacke an dem feuer-
festen Futter der Generatorwände vermindert wird.

Wie in der Einleitung erwähnt, war es der Engländer
Emmerson Dowson, welcher derartige Mischgaserzeuger
zuerst auf den Markt gebracht hat. Durch die Sauggasanlagen wurden die Apparate noch mehr vereinfacht, es
ergab sich bald, daß schon genügend Wasserdampf zugeführt wurde, wenn das Wasser im Verdampfer 80° C
warm war, und daß es genügte, die Luft einfach über den
heißen Wasserspiegel fortstreichen zu lassen, um sich mit
den Dämpfen zu sättigen.

Bei den bisherigen Betrachtungen über den Gasbildungsprozeß im Generator war angenommen, daß reiner Kohlenstoff zur Verwendung gelange. In Wirklichkeit haben wir
damit zu rechnen, daß auch die besten natürlichen Brennstoffe nicht aus reinem Kohlenstoff bestehen, sondern durch
Stoffe verunreinigt sind, die sich im Betriebe störend bemerkbar machen; es sind dies die flüchtigen und erdigen
Bestandteile, welche sich in allen Kohlenarten finden.

Verfolgen wir den Prozeß im Generator, vom Rost auf
beginnend, so herrscht dicht über dem Rost, dort wo die
Luft mit ihrem vollen Sauerstoffgehalt auf die glühenden
Kohlen trifft, die höchste Temperatur. Die erdigen unver-
brennbaren Stoffe in den Kohlen — die Asche — sammeln
sich hier und schmelzen zu Schlacken zusammen und
kleben an der Generatorwand und auf dem Rost fest.
In den höheren, nicht mehr so heißen Kohlenschichten,

etwa bei 1000°, bildet sich dann aus der Kohlensäure das Kohlenoxyd und der Wasserstoff. Diese Gase und die beträchtlichen Mengen des unveränderten Stickstoffes aus der Luft steigen nun mit der hohen Temperatur in die höheren Kohlenschichten und geben hier einen Teil ihrer Wärme ab.

In den Schichten nun, wo etwa 7—800° herrschen, findet ein Austreiben der in den Kohlen enthaltenen flüchtigen Produkte statt, ähnlich wie bei der Leuchtgasfabrikation. Die gebildeten Kohlenwasserstoffgase mischen sich dem Kohlenoxyd und Wasserstoff bei und erhöhen zwar deren Wärmewert, wirken aber doch überwiegend schädigend, und zwar dadurch, daß sie Teerstoffe mit sich führen, die bei Abkühlung der Gase die Gasleitungen verengen und die Ventile in ihrer Beweglichkeit hindern.

Schlacken, Asche und Teer sind also wie erwähnt, die Störenfriede des Generatorbetriebes, hätte man mit ihnen nicht zu rechnen, so würde die ganze Wartung der Gasanlage in rechtzeitigem Aufschütten von neuem Brennstoff bestehen. So ist aber von Zeit zu Zeit die Asche unter dem Rost fortzuziehen, es sind die Schlacken vom Generatorfutter abzustoßen und vom Rost zu entfernen und endlich die Rohrleitungen von Flugasche und Teer zu reinigen. Für alle diese Hantierungen sind die nötigen Öffnungen und Verschlüsse vorzusehen. Die Hauptteerbildung findet erst dort statt, wo das abgekühlte Gas auf kalte, feste Wandungen prallt, also in den Biegungen der Rohrleitungen, in den Absperrhähnen und den Ventilgehäusen. Hier tritt der Teer oft schon bei geringen Ansammlungen so störend auf, daß dicht am Motor besondere »Teerfänger« angebracht und die Ventile häufig gereinigt werden müssen. Seit etwa vier oder fünf Jahren hat man aber diesen Übelstand so weit zu beseitigen verstanden, daß heute nicht nur die teuren, teerarmen Brennstoffe, wie Anthrazit und Koks, für den Sauggasgeneratorbetrieb verwendet werden, sondern auch die billige Braunkohle und der Torf. Damit sind die Sauggaskraftbetriebe auf eine Stufe der Rentabilität gehoben, wie sie wohl schwerlich von andern Kraftanlagen jemals erreicht werden wird. Es soll heute Sauggasanlagen mit Braunkohlenbetrieb geben, bei welchen sich die Brennstoffkosten für die Stundenpferdekraft infolge günstig liegender Bezugsquellen auf nur $^1/_2$ Pf. belaufen.

War die Umwandlung der Druckgasanlagen in Sauggasanlagen schon mit einer Vereinfachung und bedeutenden Verbilligung der Einrichtungen verknüpft, so sind auch

die bei den Braunkohlenbetrieben zur Teerverbrennung
nötigen Einrichtungen so einfacher Natur, daß sie kaum
ins Gewicht fallen. Sie bestehen im Prinzip darin, daß
das fertige Gas nicht wie bisher über der kalten Kohlen-
zone aus dem Generator abgeleitet wird, sondern mehr
nach unten, dicht über der Zone, wo sich Kohlenoxyd und
Wasserstoff bilden. Die in der höheren, weniger heißen
Zone entstehenden teerhaltigen Kohlenwasserstoffe werden
also zur Umkehr nach unten veranlaßt und ebenfalls durch
die heißere Zone hindurchgetrieben, wo die Teerbestand-
teile zu beständigen (permanenten) Gasen zersetzt werden.
Welcher Art diese Einrichtungen sind, wird aus den Be-
schreibungen verschiedener Generatoren dieser Art her-
vorgehen.

Aus allem über die Gaserzeugung Gesagten ergibt sich,
von welcher Bedeutung die gleichmäßige Qualität, das
gleichmäßige Korn und die richtige Höhe des Brennstoffes
und die Geschwindigkeit der Luft, mit der sie die Glühschicht durchstreift, für die Bildung eines gleichmäßigen
Gases sind. Für jede Art des Brennstoffes und jede Korngröße wird die erforderliche Schichthöhe und Weite des
Generatorschachtes auszuprobieren sein, damit die Be-
rührungszeit der Luft, der Kohlensäure und des Wasserdampfes mit dem glühenden Kohlenstoff für die Bildung
des Kohlenoxydes und Wasserstoffes
ausreiche. Je feinkörniger der Brennstoff, um so langsamer wird die gas-
bildende Schicht durchstrichen, um so
niedriger und breiter muß die Kohlenschicht sein, und je grobkörniger, um
so höher und enger ist der Schacht
zu machen. Zur Einhaltung einer bestimmten Schichthöhe dient der sog.
Schütttrichter, wie er in Fig. 3
dargestellt ist. Es ist leicht zu erkennen, daß der Brennstoff hier stets
selbsttätig in dem Maß nachsinkt, wie
er unten auf dem Rost fortbrennt, ohne
daß sich die Schichthöhe, welche das
Gas durchströmt, dabei änderte.

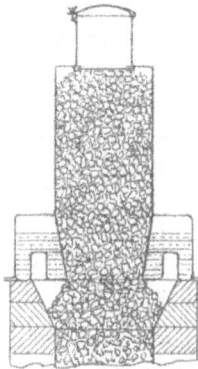

Fig. 3.

Durch die Menge des zugeführten
Wasserdampfes wird die Temperatur
in der Gasbildungszone bestimmt. Viel Wasserdampf ermäßigt die Glut, schwächt die Bildung von Kohlenoxyd
und vermindert die Bildung klebender Schlacke. Wenig
Wasserdampf erhöht die Glut, vermindert die Wasser-

stoffbildung, befördert die Kohlenoxydbildung und die
Bildung flüssiger, klebender Schlacke. Wird so viel Wasser-
dampf eingeführt, daß die Temperatur der Kohle unter
Hellrotglut sinkt, so ist die Bildung von Kohlenoxyd und
Wasserdampf gestört, das Gas kann dann so viel unver-
brannte Luft mitführen, daß schon in den Kühl- und
Reinigungsapparaten ein zündbares Gemisch aus Luft und
Gas entsteht. Durch abermaligen Zutritt von Luft im
Motor selbst bildet sich hier eine schwache langsam
brennende Ladung, die, wie wir später noch des näheren
hören werden, die Ursache der sog. »Rückschläge« ist.
Die entzündete Ladung tritt dann in die Gasleitung zurück, und es kann zu Explosionen in den Hohlräumen
der Gasanlage kommen. Auch durch zu tiefes Herunter-
brennen der Kohlenschicht, infolge versäumter Erneuerung
des Brennstoffes, können ähnliche Katastrophen herbei-
geführt werden.

Vorzüge der Sauggasanlagen gegenüber den Druck-gasanlagen.

Der wichtigste Vorzug der Sauggasanlagen vor dem
Druckbetrieb ist wie gesagt der, daß in allen Hohlräumen
Unterdruck herrscht, ferner ist ihr Betrieb sparsamer,
das Feuerungsmaterial und die Bedienung des Dampfkessels, welcher bei den Druckgasanlagen nötig ist, wird
gespart und kann mit 10% der im Druckbetrieb nötigen
Brennstoffkosten veranschlagt werden. Der Unterdruck in
den Hohlräumen der Anlage ergibt auch noch eine Vereinfachung der Wartung, es ist nämlich nicht mehr
nötig, den Betrieb für Entfernung von Asche und Schlacken
anzuhalten, sondern diese Arbeiten können ohne Belästigung
und Gefahr während des Ganges vorgenommen werden,
denn durch Öffnen der Feuerungstüren wechselt die Betriebsluft nur ihren Ursprungsort. Während sie sonst von
oben her durch den Verdampfer streicht und mit Wasserdämpfen gesättigt unter den Rost tritt, fällt während des
Ascheziehens die Wasserdampfaufnahme fort und die Luft
tritt direkt von außen durch die geöffnete Tür ein. Im
Generator wird dann nur Kohlenoxyd gebildet, mit dem
der Motor auch weiterarbeitet, wenn auch mit etwas ver-
minderter Kraftleistung.

Dort, wo für die »Teerverbrennung« noch eine zweite
Luftzuführung von oben vorgesehen ist, vereinfacht sich
auch die Beschickung des Generators. Eine »Einschleusung« des Brennstoffes kann hier fortbleiben; ist

die Schütthöhe des Brennstoffes den Verhältnissen nur
richtig angepaßt, so findet die direkt durch die Einfüll-
öffnung nachtretende Luft an den Brennstoffstücken genügenden Widerstand, damit die rechte Menge Oberluft
nachtritt. Die Generatorfüllöffnung braucht hier also überhaupt nicht dicht geschlossen werden. Die Bedienung
solcher Sauggasanlagen ist mithin äußerst bequem und
nimmt so wenig Zeit in Anspruch, daß selbst bei großen
Betrieben dem Wärter noch Zeit für die Beaufsichtigung
anderer Maschinen bleibt.

Die Aufgabe neuen Brennstoffes hat nur alle 3 bis
4 Stunden zu erfolgen, und deshalb eignen sich die Sauggasanlagen besonders für Tag- und Nachtbetrieb. Bei Anlagen mit Teerverbrennung ist eine Reinigung der Ventile
auch nur alle vier Wochen nötig, selbst wenn die Maschine
Tag und Nacht arbeitet.

Ein Übelstand, welcher sowohl den Saug- wie den
Druckgasanlagen anhaftet, ist der unangenehme Geruch,
welcher sich in der Umgebung und in den Aufstellungs-
räumen bemerkbar macht. Es gibt nämlich in Deutschland wohl kaum einen Mineralbrennstoff, welcher nicht
geringe Mengen Schwefel enthält, und dieser mischt sich
als Schwefelwasserstoff dem Gase bei und verleiht ihm
den unangenehmen Geruch.

Ist der Schwefelgehalt des Brennstoffes groß, so wirkt
er auch zerstörend auf die Metallteile des Motors, namentlich haben in Elektrizitätswerken die feineren Kupfer- und
Rotgußteile der Meßapparate und die Schalter darunter zu
leiden.

Das beste Abhilfsmittel für diesen Übelstand ist natürlich die Verwendung weniger schwefelhaltiger Brennstoffe,
und es gibt auch Anthrazit und Koks mit so geringem
Schwefelgehalt, daß der Geruch des Gases und der Verbrennungsprodukte nur wenig bemerkbar ist. Wird aber
die Herbeischaffung dieser besseren Brennstoffe zu teuer,
so bleibt nur übrig, nach dem Vorbild der Leuchtgasanstalten mit Raseneisenstein gefüllte Reinigungskasten
einzuschalten.

Dritter Abschnitt.

Die Generatorbrennstoffe.

Allgemeines.

Die wichtigste Bedingung für den ungestörten Betrieb der Sauggasanlagen ist ein guter, in Qualität und Korn gleichmäßiger Brennstoff. Schon vor Bestellung der Anlage muß man sich darüber klar sein, welche Brennstoffart für den gegebenen Fall die beste und welches die geeignetste Bezugsquelle ist.

Wie erwähnt, kommen in Betracht: Anthrazit, Feinanthrazit, Koks, Koksgrus, Braunkohle, Braunkohlenbriketts und Torf. In besonderen Fällen ist auch schon Holzkohle und die sogenannte Rauchkammerlösche, welche sich beim Lokomotivbetrieb in großen Mengen ansammelt, benutzt worden. Es ist nicht zu bezweifeln, daß sich im Laufe der Zeit noch weitere Abfallbrennstoffe finden werden, die für offene Feuerungen nicht geeignet sind, wohl aber allein oder mit anderen vermischt gutes Feuerungsmaterial für den Generatorbetrieb liefern werden. Koks ist wohl als der an allen Orten am leichtesten zu erhaltende Brennstoff zu bezeichnen, überall wo Gasanstalten sind, ist auch mehr oder weniger geeigneter Koks zu bekommen. Er kann in den meisten Fällen auch ohne weiteres an Stelle von Anthrazit verfeuert werden, oder man kann beide Brennstoffe vermischen und hat damit das Mittel bei der Hand, die etwa nicht geeignete Korngröße eines im übrigen guten Anthrazits dennoch benutzen zu können.

Selbstverständlich darf es der Wärter beim Wechseln mit den Brennstoffen nicht an größter Aufmerksamkeit fehlen lassen. Die Zusammensetzung des Gases ändert sich, der Motor geht dann oft in seiner Höchstleistung

herunter oder herauf. Das Gemisch ist anders einzustellen,
und man wird namentlich aufzupassen haben, wie es mit
der Bildung von Schlacke, Asche und Teer bei dem neuen
Brennstoff oder Brennstoffmischung aussieht. Bei Ver-
wendung von Braunkohle und Torf ist man meistens an
eine bestimmte Bezugsquelle gebunden; das Format, der
Heizwert, der Wasser-, Aschen- und Schwefelgehalt des
Rohmateriales schwankt hier viel beträchtlicher wie beim
Anthrazit und Koks. Gute Braunkohlen- und Torfarten
haben aber auch wieder die Vorzüge, daß sie vor allen
Dingen billig sind und die Schlackenbildung trotz hohen
Aschengehaltes mäßig zu nennen ist.

Eigenschaften der verschiedenen Generatorbrennstoffe.

Der **Anthrazit** hat unter den Mineralkohlen den
größten Kohlenstoffgehalt, er beträgt 90—98 %, die Rest-
prozente bestehen aus Asche und flüchtigen Bestandteilen.
Dieser Zusammensetzung entsprechend hat der Anthrazit
den größten Heizwert unter den Steinkohlen, ca. 8000 WE
pro kg. Fundstätte für Anthrazite ist in erster Linie
Amerika (Pennsylvanien und Rhode-Island).

In Europa ist das Vorkommen wirklich guten Anthrazites beschränkter; er findet sich in Frankreich, England, Rußland und Deutschland.

Für Deutschland liegt der Anthrazitmarkt nicht besonders günstig; die in Frage kommenden Fundstätten
beschränken sich auf Westfalen und Schlesien, so daß für
den Süden und Osten Deutschlands die Frachtkosten sehr
ins Gewicht fallen. Auch die Gleichmäßigkeit des Brennstoffes läßt oft zu wünschen übrig.

Man hat sich den Anthrazit als die älteste Mineral-
kohle vorzustellen, als ein Fossil, welches unter dem Druck
der Gesteinsmassen und unter dem Einfluß der Erdwärme
im Laufe der Jahrtausende seinen Gehalt an flüchtigen
Kohlenwasserstoffen fast vollständig verloren hat. Kennzeichen guten Anthrazites sind große Härte, glänzend tief-
schwarze Farbe, muscheliger Bruch. Je besser der Anthrazit ist, um so schwerer entzündbar ist er, um so
weniger Flammen, Rauch- und Geruchbildung tritt bei seiner
Verfeuerung auf. Wo man den Anthrazit nicht zu teuer
und in gleichmäßiger Qualität bekommen kann, ist er für
den Generatorbetrieb der empfehlenswerteste Brennstoff.

Der Koks ist nicht zu den natürlichen Brennstoffen
zu rechnen; er wird bei der Leuchtgaserzeugung und in
den Koksöfen durch Austreiben der flüchtigen Bestand-

teile aus Steinkohlen gewonnen. Bei der Leuchtgasfabrikation
bilden die ausgetriebenen Gase das Hauptprodukt, während
der in den Retorten zurückbleibende Koks Nebenprodukt
ist. In den Koksöfen (Destillationskokereien) ist es umgekehrt; hier bildet der Koks das Hauptprodukt und die
ausgetriebenen gasförmigen Bestandteile, das Koksofengas, sind Nebenprodukte. Für die Leuchtgasfabrikation
werden möglichst gashaltige, für Kokereien möglichst gasarme Steinkohlen mit geringem Aschen- und Schwefelgehalt verwendet. Der in den Leuchtgasanstalten gewonnene Koks wird Gaskoks, der in Kokereien erzeugte
Zechen- oder Hüttenkoks genannt.

Aus der Verschiedenheit der Rohkohle folgt, daß der
Gaskoks aschenreich, zur Schlackenbildung geneigt und
häufig schwefelhaltig ist, während Hüttenkoks aschen- und
schwefelarm ist.

Der Gaskoks findet seine Hauptverwendung als Brennstoff für Stubenöfen und für verschiedene Zwecke im
Kleingewerbe, wo es auf Schlackenbildung und Schwefelgehalt nicht sehr ankommt. Der Hüttenkoks mit seinem
geringen Aschen- und Schwefelgehalt wird hauptsächlich
für metallurgische Zwecke verwendet und eignet sich auch
bei richtiger Korngröße am besten für den Generatorbetrieb. Da seine Erzeugungsarten sich für Deutschland
aber auf die Kohlenreviere in Westfalen, Rheinprovinz und
Schlesien beschränken, so wird er für Süd- und Ostdeutsch-
land durch die Frachtkosten verteuert. Im Winter tritt
häufig Mangel an Koks ein, und es ist zu empfehlen,
schon im Sommer für den Winterbedarf die Lieferung ab-
zuschließen, dabei ist die Gleichmäßigkeit der Ware und
ihre Verwendung für den Generatorbetrieb zu betonen,
dasselbe gilt auch für Anthrazitbestellungen.

Als äußere Unterscheidungsmerkmale für Gas-
und Hüttenkoks sind zu erwähnen, daß der Gaskoks
schwarzgraue blasige Stücke von geringer Härte bildet,
während der Hüttenkoks hellgrau ist, Metallglanz hat und
erheblich härter und schwerer wie jener ist. Der Wärmewert des Gaskokses beträgt ca. 6500 WE pro kg, der des
Hüttenkokses ca. 7000 WE pro kg. Da der Gas- und
namentlich der Hüttenkoks für metallurgische Zwecke
meistens in größeren Stücken verwendet wird, so ist für
Generatorzwecke die erforderliche Nußgröße besonders zu
bestellen.

Die Braunkohle entstammt einer weit jüngeren Bil-
dungsperiode wie die Steinkohle, sie findet sich daher in
geringeren Tiefen und kann meistens im Tagebau ge-

wonnen werden. Die Fundstätten der Braunkohle sind
namentlich in Deutschland auch günstiger wie die der
Steinkohle verteilt, so daß sich Gewinnungs- und Frachtkosten viel billiger wie die der Steinkohlen stellen. Seit-
dem es gelungen ist, die erdigen Arten der Braunkohle
durch Pressen in Form regelmäßiger fester Stücke, der
Briketts, zu bringen, sind auch die Braunkohlen für
weitere Strecken transportfähig geworden und eignen sich
in dieser Gestalt ganz besonders für den Generatorbetrieb.

Der Wärmewert der Braunkohle liegt zwischen 4500
und 5100 WE, er ist also viel geringer wie der des Anthrazites und des Kokes; der billige Preis fällt aber doch
so ins Gewicht, daß der Braunkohlenbetrieb heute der
billigste ist.

Gute feste Braunkohlen-Stückenkohle wird dort, wo
sie in der Nähe zu haben ist, mit Vorteil für den Generatorbetrieb benutzt, die beste Verwendungsform ist aber
doch die der Würfel- oder Industriebriketts. Die Haus-
brandbriketts von flacher prismatischer Form lagern sich
im Generator nicht so dicht und regelmäßig wie jene, auch
sind die Würfelbriketts schärfer gepreßt und ertragen das
Schaufeln und den weitesten Eisenbahntransport besser.
Wie man sich leicht durch Einlegen der Braunkohlenbriketts in Wasser überzeugen kann, saugen sie sehr wenig
Wasser auf, so daß sie in offenen Wagen transportiert
werden können.

Die Zusammensetzung der Braunkohle ist je nach den
Fundstätten verschieden, z. B. bestehen die Briketts einer
Lausitzer Braunkohlengrube aus 38 % festem Kohlenstoff,
41,7 % flüchtigen Bestandteilen, 6,9 % Asche und ca. 13 %
Wasser. Die einer Grube in der Provinz Sachsen aus
35 % festem Kohlenstoff, 45,3 % flüchtigen Bestandteilen,
4,8 % Asche und ca. 14,9 % Wasser.

Zu den bemerkenswertesten Vorzügen der Braunkohle
vor dem Anthrazit und dem Koks gehört außer der Billigkeit der Umstand, daß die Temperatur im Generator eine
niedrige bleibt, daß sich keine zähflüssige, am Generatorfutter und dem Rost festklebende Schlacke wie beim Koksbetrieb bildet, sondern eine solche von mürber Beschaffenheit, die sich leicht abstoßen läßt, auf den Rost herunter-
fällt und während des Betriebes mit der Asche
schnell entfernt werden kann. Die Braunkohlensauggas-
anlagen können häufig mehrere Monate hindurch Tag- und
Nacht im Betriebe bleiben, ohne daß größere Reinigungen
vorzunehmen wären. Nicht unerwähnt soll bleiben, daß
es Braunkohlen gibt, die hohen Schwefelgehalt haben.

Das aus solchen Kohlen erzeugte Gas hat dann einen unangenehmen penetranten Geruch, ist für die Nachbarschaft
lästig und ruiniert die Motoren.

Wie erwähnt, muß das Gas dann durch Einschaltung
von Reinigungskasten entschwefelt werden.

Praktische Prüfung der Generatorbrennstoffe.

Die nachstehenden Prüfungsarten der Brennstoffe
gelten nur für den praktischen Gebrauch und sind so gewählt, daß sie ohne Schwierigkeit und großen Zeitverlust
von jedem Motorenbesitzer oder Wärter ausgeführt werden
können; besondere Apparate sind nicht dazu erforderlich.
Da die Betriebssicherheit und Wirtschaftlichkeit einer
Sauggasanlage in erster Linie von der Güte und Gleichmäßigkeit des Brennstoffes abhängt, so ist von dem Motorenbesitzer die Prüfung der einzelnen Sendungen selbst vorzunehmen oder doch in seiner Gegenwart ausführen zu
lassen.

Zur Erlangung einer Durchschnittsprobe der
ganzen Sendung läßt man schon beim Abladen in regel-
mäßigen Zeitabschnitten je eine Handvoll des Brennstoffes
in einen Eimer werfen, so daß etwa von 100 Ztr. 10 kg
im Eimer gesammelt werden. Diese Durchschnittsprobe
wird dann gewogen und durch mehrfaches Übergießen
und Durcharbeiten mit Wasser von Schmutz und allem,
was nicht Brennstoff ist, befreit. Das Spülwasser wird
nicht fortgegossen, sondern man läßt sich die Schmutz-
teile zu Boden setzen, um sie untersuchen zu können.
Der gereinigte Brennstoff wird nun gut getrocknet und
dann durch abermaliges Wägen ermittelt, wieviel Fremd-
stoffe — Wasser, Erde usw. — als Kohle mitbezahlt
worden sind.

Je nach der Art des Brennstoffes gelten für seine
Güte und Gleichmäßigkeit folgende äußere Kennzeichen.

Beim Anthrazit sollen die einzelnen Stücke die charak-
teristische glänzendschwarze Farbe zeigen; er darf
nicht abfärben und sich nicht mit den Händen leicht
zerbrechen lassen. Mit dem Hammer durch nicht zu
kräftigen Schlag zerschlagen, soll er muscheligen Bruch
zeigen und der Zertrümmerung erheblich mehr Widerstand
entgegensetzen wie ein gleich großes Stück gewöhnlicher
Steinkohle.

Durch die Brennprobe erlangt man ein Urteil über
den Gas-, Aschen- und Schwefelgehalt des Brennstoffes.
Es gehört dazu eine flache Eisenblechschale von ca. 10 cm

Durchmesser, die durch einen kräftigen Bunsenbrenner in
Rotglut versetzt werden kann. Auf die glühende Schale
legt man ca. 200 g des Anthrazites und heizt so lange,
bis der Anthrazit ganz verbrannt ist. Die Verbrennung
soll ohne Rauchbildung mit sehr schwach leuchtender
Flamme vor sich gehen. Es darf sich kein Geruch nach
schwefliger Säure oder Schwefelwasserstoff bemerkbar
machen. Bei der Heizflamme ist darauf zu achten, daß
der grüne Kern des Brenners die Blechschale nicht berührt, da die Flamme dann selbst einen unangenehmen
Geruch verbreitet, der den etwaigen Geruch der Verbrennungsprodukte des Anthrazites verdecken würde.
Durch Wägen der Schale mit dem unverbrannten Brennstoff und nachheriges mit den Aschenresten auf einer
größeren Briefwage ist der Aschen- und Gasgehalt dann
zu bestimmen; er soll bei gutem Anthrazit 4—6% betragen.

Das eigentliche Anthrazitland ist Amerika; in Deutschland gibt es nur wenige Fundstätten wirklich guten Anthrazites. Es empfiehlt sich, wie gesagt, vor der Bestellung
einer Sauggasanlage festzustellen, ob auf einen gleichmäßig
guten und preiswürdigen Anthrazit zu rechnen ist und
dem Fabrikanten Proben desselben einzusenden.

Die Koksprüfung erfolgt ebenso wie die des Anthrazites. Als äußere Kennzeichen guten Hüttenkokses sind
anzuführen weißgraue Farbe mit metallischem Glanz,
klingender Ton beim Hinwerfen eines größeren Stückes.
Guter Koks soll nicht abfärben und sich nicht leicht
brechen lassen. Vor der Verbrennungsprobe ist der Wasser-
gehalt durch Wägen vor und nach scharfer Trocknung zu
ermitteln. Der Aschengehalt, namentlich des Gaskokses ist
erheblich größer wie der des Anthrazites und schwankt
zwischen 8 und 14%. Den Schwefelgehalt, welcher hier
ja nur durch den mehr oder weniger starken Geruch be-
urteilt wird, prüft man am besten durch eine Gegenprobe
mit Koks aus früheren gut bewährten Sendungen.

Die Prüfung der **Braunkohle** gestaltet sich infolge
ihres hohen Gehaltes an Wasser und flüchtigen Bestandteilen etwas anders wie beim Anthrazit und Koks. Zur
Bestimmung des Wassergehaltes ist die Braunkohle vor
und nach scharfer Trocknung zu wiegen. Um den Gasgehalt festzustellen, muß die Kohle bei Luftabschluß und
Dunkelrotglut entgast werden.

Die Erhitzung erfolgt in einem lose bedeckten kleinen
Tiegel oder in einem auf einem Ende dicht verschlossenen,
auf dem andern Ende bedeckten, ca. 20 cm langen Gas-

rohr von ca. 2″ Durchmesser. Durch Wägen des Rohres
mit dem Brennstoff vor und nach der Verkokung (Aus-
treibung der Gase und des Wassers) ist dann der Gehalt
an flüchtigen Bestandteilen zu ermitteln. Etwaiger Schwefelgehalt der Braunkohlen macht sich bei der Gasprobe durch
den Geruch bemerkbar. Die Prüfung auf Aschengehalt
wird wie beim Anthrazit durch Verbrennen des erhaltenen
Braunkohlenkokes bei Luftzutritt, also auf der flachen
Schale, ermittelt.

Außer Brennstoff werden für den Betrieb der Sauggasanlagen noch Wasser und Luft gebraucht, die ebenfalls
von möglichst gleichmäßiger und reiner Beschaffenheit
sein müssen, damit der Betrieb für lange Zeit ungestört
vonstatten geht.

Dem Generator ist Wasser zur Wasserdampfbildung
zuzuführen. Der Skrubber hat Wasser zur Berieselung
seines Koksinhaltes nötig, und beim Motor ist der Zylinder
mit Wasser zu kühlen. Für alle diese Zwecke muß das
Wasser frei von Unreinigkeiten sein, es soll so wenig wie
möglich Kesselstein absetzen, es muß kalt sein, damit es
wirksam kühlt, und endlich soll es möglichst wenig kosten.
Auf alle diese Eigenschaften ist das zur Verfügung stehende
Wasser zu prüfen, bevor die Anlage bestellt wird.

In welchem Grade ein Wasser durch Fremdkörper
— Schlamm, Sand usw. — verunreinigt ist, ersieht man am
besten durch Kontrolle des Bodens von Zisternen, Be-
hältern, Spülkasten usw., in denen das zu untersuchende
Wasser angesammelt wird und nachts völlig zur Ruhe
gelangt. Man wird oft erstaunt sein, welche Mengen von
Schlamm und Schmutz sich in den selten besichtigten
Behältern vorfinden, trotzdem scheinbar klares, reines
Wasser zur Füllung benutzt wurde.

Der Kesselsteingehalt wird durch Verdampfen von
etwa 10 l des Wassers bei ca. 80° ermittelt. Aus der
Menge des abgesetzten Kesselsteins kann man dann folgern,
wie lange die Verdampfschale des Generators und die
Kühlräume des Motors benutzbar sein werden. Zur Bestimmung der Wassermengen, welche der Betrieb einer
Sauggasanlage erfordert, dienen folgende Angaben.

Im Generator müssen für die Stundenpferdekraft
ca. 0,4 l Wasser verdampft werden.

Für den Skrubber sind 10—12 l für die Stundenpferdekraft nötig.

Der Motor erfordert an Kühlwasser 30—40 l kaltes
Wasser für die Stundenpferdekraft. Ist ein Rückkühler
(Gradierwerk) vorhanden — bei Wassermangel oder teurem

Leitungswasser für größere Motoren immer zu empfehlen —
so ist für das Kühlwasser des Motors 2—5 l Zusatzwasser
zu rechnen. Das Generatorwasser kann von dem abfließenden, also warmen Motorkühlwasser entnommen werden.
Das abfließende Skrubberwasser ist stark verunreinigt; man
läßt es sich in einem Behälter klären, darf es aber nicht
in einen öffentlichen Abflußkanal leiten, da es sehr stark
riecht, sondern läßt es einsickern. Teer, Schaum und
Schlamm werden zurückgehalten.

Die **Verbrennungsluft** für den Generator und den
Motor soll staubfrei, kühl und trocken sein. Längere
Luftzuführungsrohre sind möglichst zu vermeiden; sie
schwächen durch den »Leitungswiderstand« in ihnen die
Leistung des Motors. Wo auf staubhaltige Luft gerechnet
werden muß, wie bei Holzbearbeitungs-, Papier-, Tabak-
fabriken usw., muß die Luft aus staubfreien Räumen durch
genügend weite starkwandige, immer aber möglichst kurze
und gerade Rohrleitungen herbeigeholt werden.

Vierter Abschnitt.

Konstruktionsteile der Sauggaserzeugungsanlagen.

Hauptteile einer Sauggaserzeugungsanlage sind:

1. Der Generator,
2. der Kühler,
3. der Reiniger,
4. die Einrichtung zum Anblasen.

Generatoren für gasarme Brennstoffe.

Wie schon anfangs erwähnt, sind die Generatoren außerordentlich einfache Apparate. Da im Grunde genommen der Prozeß der Gasbildung bei jeder Rostfeuerung mit hoher Brennstoffschicht eintritt, so ist dementsprechend der Generator auch weiter nichts wie ein mit feuerfestem Material ausgemauerter Schacht von rundem oder eckigem Querschnitt. Von unten nach oben beginnend ist in dem Schacht zuerst ein Aschenfall vorgesehen, dann folgt der Rost, alsdann ein Raum von genügender Höhe für die Brennstoffglühschicht, in dem der Gasbildungsprozeß vor sich geht, darüber der Gassammelraum, dann ein Raum für einen genügenden Brennstoffvorrat und zum Schluß die Einrichtungen zum Nachfüllen des neuen Brennstoffes. Zwischen Glühzone und dem kalten Brennstoff ziehen die hier etwa noch 4—500° heißen Gase seitwärts aus dem Gassammelraum ab, geben einen Teil ihrer Wärme zur Bildung von Wasserdampf ab und nehmen dann ihren Weg durch die Kühlvorrichtung und den Reinigungsapparat zum Motor. Die für den Gasbildungsprozeß nötige Luft streicht, von außen kommend, über den heißen Wasserspiegel fort, sättigt sich mit Dämpfen, sinkt durch ein Rohr nach unten, tritt hier in den Aschenfall ein, um dann, der Saugwirkung des Motors weiter folgend, ihren Weg durch die locker gehäufte Glühschicht zu nehmen, wo die Bildung von Kohlensäure und darauf die von Kohlenoxyd· und Wasserstoff erfolgt.

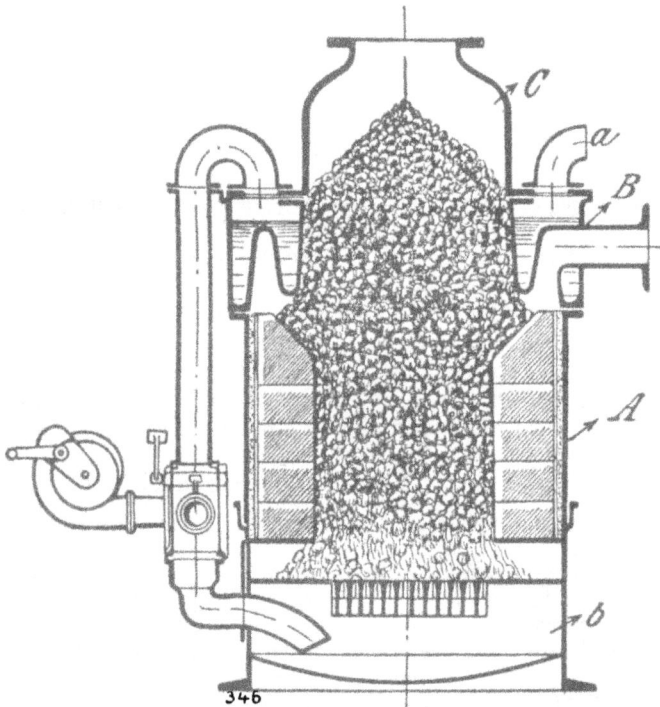

Fig. 4. **Generator für Anthrazit und Koks,** ausgeführt von der Gasmotoren-fabrik Deutz in Köln-Deutz, für kleinere Anlagen.

A Mantel des Generatorschachtes. — *B* Verdampfer. — *C* Füllraum. — *a* Luft-eintrittsrohr. — *b* Aschenraum.

Die ersten Sauggasgeneratoren waren den alten Dow· sonschen Druckgasgeneratoren sehr ähnlich, auch bei ihnen bildete der Generatorschacht einen von oben bis unten gleichweiten Zylinder, bei dem die Gasabführung über den Kohlen lag. Die hochsteigenden Gase mußten also auch hier den ganzen Kohlenvorrat über der Glühschicht durch-dringen. Mit dem Druck des Dampfstrahlgebläses war dies

unschwer durchführbar, für Sauggasanlagen stand aber nicht
ein so hoher Druck zur Verfügung, es kam hier darauf
an, mit einem kleinen Unterdruck die Luft durch den
Generator hindurchzuholen, damit die durch jeden einzelnen Kolbenhub produzierte Gasmenge eine möglichst
große sei. Man ging bald
dazu über, anstatt die fertigen Gase noch durch die
kalte Brennstoffschicht hindurchzusaugen, sie schon
gleich über der Glühschicht
seitwärts abzuleiten. Die
einen brachten zu diesem
Zweck dort, wo die Gas-
abführung erfolgen sollte,
eine ringförmige Erweite-
rung im Generatorschacht
an. Die andern senkten
einen »Füllschacht« bis auf
die Nähe der Glühschicht
herunter, so daß zwischen
der inneren Wand des Generators und der äußeren des
Füllschachtes ein Ringraum
verblieb, wo das Gas sich
sammeln und fortgeleitet
werden konnte. Hiermit
wurde gleichzeitig der Vorteil erreicht, daß nun ein
größerer Brennstoffvorrat in
dem Füllschacht angesam-
melt werden konnte, der
von hier aus selbsttätig und
stetig in dem Maß nach-
sinkt, wie er auf dem Rost
verbrennt. Die Bedienung
wird damit sehr erleichtert,
und die meisten Genera-
toren sind heute so einge-

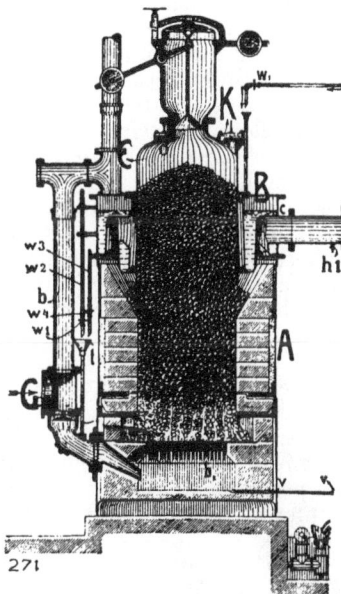

Fig. 5. **Generator für Anthrazit und Koks,**
ausgeführt von der Gasmotorenfabrik
Deutz in Köln-Deutz, für größere Anlagen von 70–540 PS.

A Mantel des Generatorschachtes. —
B Verdampfer. — K Brennstoffschleuse.
— C Füllraum. — G Lufteintritt für das
Anblasen. — w_1, w^1, w^2, w^3 u. w^4 Wasserzu-
und Abflußrohre. — h_1 Gasableitungsrohr.
— b Rohr für die mit Wasserdämpfen
gesättigte Luft. — b_1 Aschenraum. —
v Wasserabfluß aus dem Aschenraum.

richtet, daß der Brennstoff nur alle 4—5 Stunden nachgefüllt werden braucht und die gaserzeugende Schicht doch
stets dieselbe Höhe behält.

In Fig. 4 ist ein Generator dargestellt, wie er heute
von der Gasmotorenfabrik »Deutz« ausgeführt wird. — In
Fig. 5 ist eine Generatorkonstruktion der Gasmotorenfabrik
»Deutz« für größere Anlagen (70—540 PS) dargestellt.

Generatoren für gasreiche Brennstoffe.

Die Bemühungen, an Stelle der teuren gasarmen Brennstoffe, des Anthrazites und Kokes, nun auch die viel
billigeren gasreichen Mineralkohlen dem Generatorbetrieb
dienstbar zu machen, sind seit etwa vier Jahren von Erfolg begleitet gewesen. Die besten Resultate sind in dieser
Beziehung mit Braunkohlenbriketts erreicht worden. Während sich die gashaltigen Steinkohlen bis jetzt nur für
große Betriebe bewährten, haben sich die Braunkohlen
für große und kleine Anlagen als betriebssicher erwiesen.

Wie schon im dritten Abschnitt erwähnt, zeichnen sich
die Braunkohlen durch ihren großen Gehalt an teerbilden-
den »schweren« Kohlenwasserstoffgasen aus. Wollte
man nun die Generatoren für gasarme Brennstoffe unge-
ändert für die gasreichen Braunkohlen benutzen, so würde
sich nicht nur in der Gasleitung und dem Kühlapparat
sehr bald viel Teer niederschlagen, sondern es ginge auch
die sehr erhebliche, im Teer steckende Wärmemenge für
die Krafterzeugung verloren. Eine solche Generatoranlage
würde also unsicher und auch unrentabel sein.

Die Braunkohlengeneratoren müssen deshalb so konstruiert sein, daß die Teerbildung außerhalb des Generators
vermieden wird und alle Teerdämpfe innerhalb desselben
in permanente Gase verwandelt werden, welche die Abkühlung vertragen und im Motor nutzbar gemacht werden
können.

Aus den nachstehend beschriebenen Ausführungen der
Vereinigten Maschinenfabriken Augsburg und Maschinenbaugesellschaft Nürnberg, Werk Nürnberg, und der Gasmotorenfabrik Deutz wird verständlich, in welcher Weise
das angedeutete Arbeitsverfahren für Braunkohlengeneratoren zur Ausführung gelangt ist.

In Fig. 6 ist der Nürnberger Braunkohlengenerator
dargestellt. Die Verbrennungsluft tritt zum größten Teil
von oben in den Generator und zum kleineren Teil von
unten durch den Rost. Durch die »Oberluft« erfolgt die
Entgasung und Verkokung des Brennstoffes, durch die
Unterluft die vollständige Vergasung des herabsinkenden
Kokes zu Kohlenoxydgas. Der von oben kommende Strom
teerhaltiger Kohlenwasserstoffe und Wasserstoff und der
vom Rost herauftretende Kohlenoxydstrom treffen unter
dem in der Mitte des Generatorschachtes sichtbaren »Gas-
abzugsbalken« zusammen und gehen, wie punktiert angedeutet, durch ein Rohr zu den Kühl- und Reinigungsapparaten. Der Platz für den dachförmigen Gasabzugs-

balken ist so gewählt, daß der von oben kommende Gasstrom durch Koksschichten von solcher Temperatur hin-

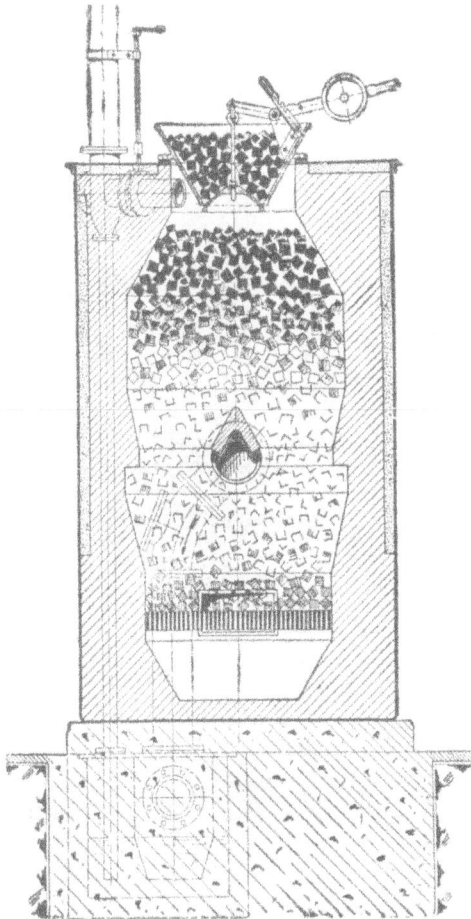

Fig. 6.

Braunkohlengenerator der Vereinigten Maschinenfabrik Augsburg und Maschinenbaugesellschaft Nürnberg, A.-G., Werk Nürnberg.

durch muß, wie sie zur Umbildung des Teeres in permanente (beständige) Gase nötig ist. Da die Braunkohlenbriketts an und für sich schon erhebliche Wassermengen enthalten, so sind die Verdampfschalen, wie sie bei den Anthrazit- und Koksgeneratoren benutzt werden, hier entbehrlich.

In Fig. 7 ist der Braunkohlengenerator der Deutzer Gasmotorenfabrik im Durchschnitt dargestellt. Der Gas-

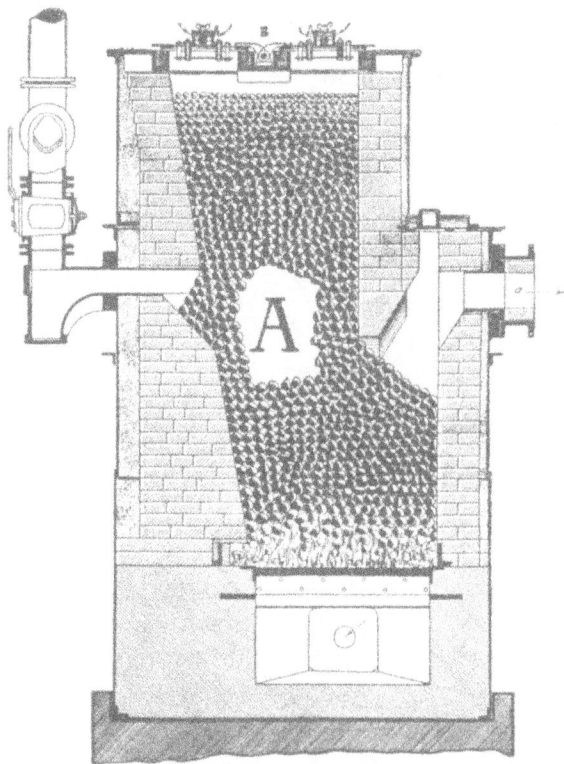

Fig. 7.
Braunkohlengenerator der Gasmotorenfabrik Deutz in Köln-Deutz.

sammelraum und -Abzug in Höhe der Glühschicht wird hier durch einen Vorbau des im Querschnitt vierkantigen Generatorschachtes *A* gebildet. Die Oberluft tritt auf der entgegengesetzten Seite und etwas höher gelegen ein. *a* ist das Gasabzugrohr, *B* die Füllöffnungen.

Sehr bald wandte man sich dann auch der Aufgabe zu, die gewöhnliche billige gasreiche **Steinkohle,** den

Gruskoks und **Anthrazitabfall** für den Generatorbetrieb
nutzbar zu machen, und war es namentlich die Aktiengesellschaft Julius Pintsch in Berlin, welche sich mit Ausbildung diesbezüglicher Anlagen beschäftigt hat. Die Eigenart dieser Generatoren besteht darin, daß auch hier zwei
Feuerzonen im Schacht eingerichtet sind, in der oberen

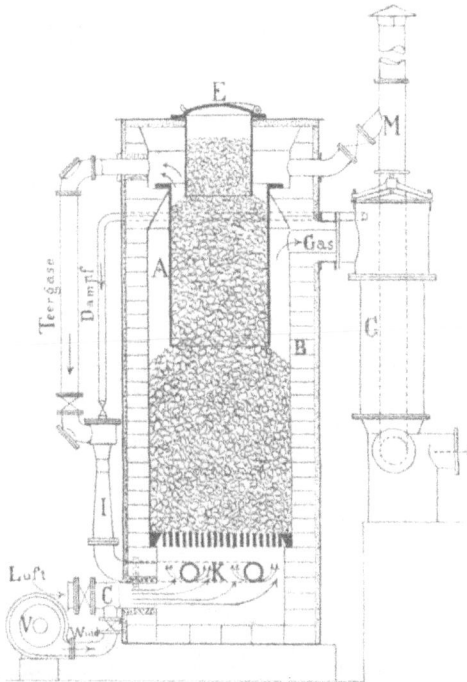

Fig. 8. **Generator für gasreiche Steinkohle,** ausgeführt von Julius Pintsch,
Aktiengesellschaft in Berlin.

A Gassammelraum. — B Feuerfeste Ausmauerung. — C Einströmung für die
»Unterluft«. — K Einströmungsrohre für teerhaltige Gase und Wasserdampf. —
I Dampfstrahlgebläse. — G Dampfbilder. — M Schornstein. — E Füllöffnung.
— V Ventilator.

werden die Kohlen e n t g a s t, die teerhaltigen Gase destil-
lieren ab, und es tritt Koksbildung ein, wie in der Retorte
der Gasanstalt. In der unteren Feuerzone wird der oben
gebildete heruntersinkende Koks in bekannter Weise v e r-
g a s t. Das in der oberen Zone entstandene teerhaltige
Gas wird durch einen Dampfstrahlexhaustor abgesaugt und
mit Luft und Wasserdampf gemischt unter den Rost ge-

3*

blasen. Hier entzündet sich das Gemisch aus teerhaltigen
Gasen und Luft und verbrennt in freier Flammenentfaltung
zu Kohlensäure und Wasserdampf, die beide in Berührung
mit dem glühenden Koks zu Kohlenoxyd und Wasserstoff
verwandelt werden. Dabei muß auch noch so viel Luft vom
Exhaustor angesaugt werden, daß der Koks immer die
nötige Temperatur behält. Für den Betrieb des Strahl-
exhaustors wird hier ganz schwach gespannter Dampf
($^1/_{10}$—$^2/_{10}$ Atm.), der sich im Verdampfer bildet, benutzt.

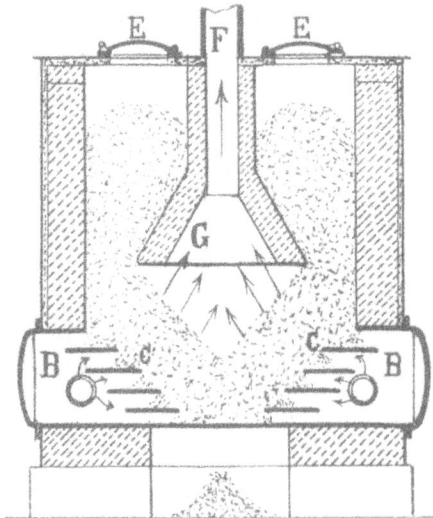

Fig. 9.

Generator für den Betrieb mit „Rauchkammerlösche", ausgeführt
von Julius Pintsch, Aktiengesellschaft in Berlin.

B Einführungsrohre für Luft, Teer- und Wasserdampf. — *G* Gassammelraum. —
F Gasabzugsrohr. — *E* Füllöffnungen.

Die für diese Generatorart benutzten Kohlen dürfen nicht
zu stark blähen. Durch Vermischen mit Anthrazit, Koks,
Torf oder Braunkohlen kann man aber auch die blähenden
Kohlen verwendbar machen. Von den Steinkohlen wird
auch noch gefordert, daß sie nicht über 10 % Aschengehalt
und eine Körnung von 40—70 mm haben. In Fig. 8 ist
ein solcher Generator dargestellt.

Für die Verwendung von grusförmigen und dadurch
minderwertigen Brennstoffen wie Koksabfall, Anthrazitgrus,
Rauchkammerlösche und ähnliche Brennstoffe hat die Firma

Pintsch Generatoren geliefert, welche nach der in Fig. 9 dargestellten Art konstruiert sind.

Der dichten Schichtung des Brennstoffes entsprechend haben die Generatorschächte hier geringe Höhe und verhältnismäßig großen Durchmesser. Als Abfälle enthalten die Brennstoffe meistens viel Asche, und sind zur sicheren Instandhaltung des Feuers Treppenroste angeordnet. Auch bei diesem Generator ist der Verdampfer außerhalb angebracht und so eingerichtet, daß sich in ihm Wasserdämpfe von geringer Spannung 0,1—0,2 Atm. bilden können, die dann für den Betrieb des Dampfstrahlgebläses dienen, welches das Gemisch von Luft und Wasserdampf vor die Treppenroste fördert. Teerhaltige Gase werden in diesem Falle nicht von dem Strahlgebläse angesaugt, und kann vor den Rosten immer nur Luft-Dampfgemisch mit gelindem Überdruck stehen; damit wird ermöglicht, von einem dichten Abschluß der Aschenfälle absehen zu können, denn kohlenoxydhaltige Gase können von hier nicht ins Freie entweichen. Außerdem wirkt die Anordnung regulierend auf die Gaserzeugung, da bei Entlastung und deshalb geringerem Gasverbrauch des Motors sich der Gegendruck im Generator vergrößert und das gleichmäßig weiter geförderte, nun übergroße Luftdampfgemisch sich einen Ausweg ins Freie sucht. Der Gassammelraum mit dem Gasableitungsrohr liegt hier, ähnlich wie bei den Braunkohlengeneratoren, unmittelbar über der Vergaserzone in Form eines Fangtrichters. Die Verbrennungsluft nimmt daher ihren Weg von den Rosten nach der Mitte hin, hier herrscht auch die höchste Temperatur, während an den Wandungen des Schachtes die Wärme geringer ist und das Anschmelzen von Schlacke vermindert wird.

Die **Brennstoffschleuse** der Generatoren dient zum Einbringen des Brennstoffes und verhindert, daß das Innere des Generators bei dieser Gelegenheit mit der Luft in direkte Berührung treten kann. Die Einrichtung ist nur bei Anthrazit- und Koksbetrieb nötig, für Braunkohlenfeuerung, wo so wie so Oberluft eintritt, ist die »Schleuse« mit ihrem Doppelverschluß entbehrlich, hier genügt ein einfacher Deckel.

Fast jede Fabrik hat eine andere Ausführungsart für die Brennstoffschleuse. In Fig. 10 und 11 ist die der Gasmotorenfabrik Deutz dargestellt. Zur Einführung neuen Brennstoffes wird Deckel c aufgeklappt, Behälter C^1 gefüllt und darauf der Deckel c wieder geschlossen. Dann wird im Innern der Verschlußkegel a mit Hilfe des Hebels g geöffnet, der Brennstoff fällt in den Generator C hinab, Kegel a wird wieder gehoben und ist wieder für eine neue

Einschleusung bereit. Damit der große Deckel c durch einen leichten Druck zum sichern Abdichten gebracht werden kann, erhält er durch den Bügel e nur in der Mitte Druck. Die beiden Verschlüsse für den Deckel c und den

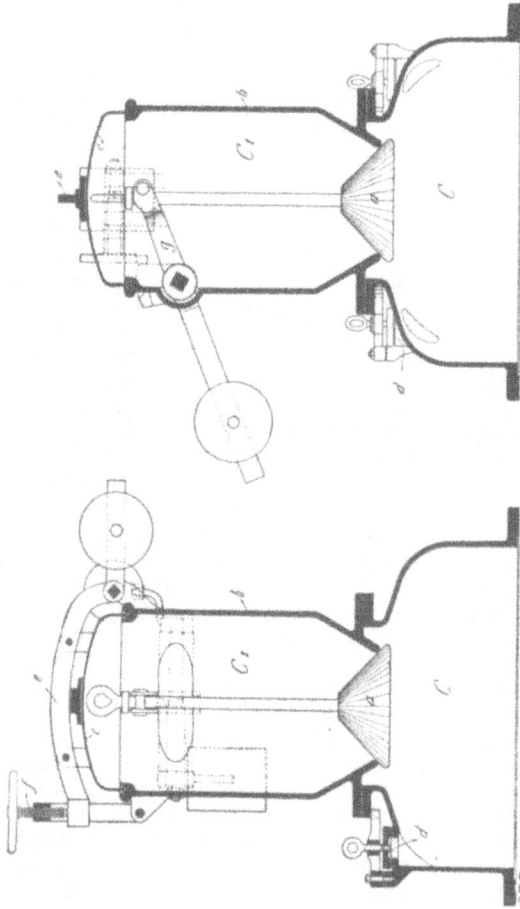

Fig. 10. Fig. 11. **Brennstoffschleuse der Gasmotorenfabrik Deutz.**

Kegel a sind so gegeneinander gesichert, daß immer nur der eine zurzeit geöffnet werden kann.

Zum Herunterstoßen der an den Schachtwandungen sitzenden Schlacke dienen die dicht verschließbaren Öffnungen d.

Damit die Glut im Generator erhalten bleibt, wenn in den Betriebspausen der Gasabzug nach dem Motor abgesperrt wird, ist es nötig, den während dieser Zeit entwickelten Gasen einen Abzug ins Freie zu schaffen. Die hierzu dienende Einrichtung wird der **Zugwechsel** genannt. Auch hierfür finden sich die verschiedenartigsten Konstruktionen, bald sind Schieber, bald Hähne oder Ventile verwendet. Die Bedingungen, welchen die Zugwechselkonstruktion zu genügen hat, bestehen darin, daß das Schließen und Öffnen der Absperrorgane schnell vor sich gehen muß

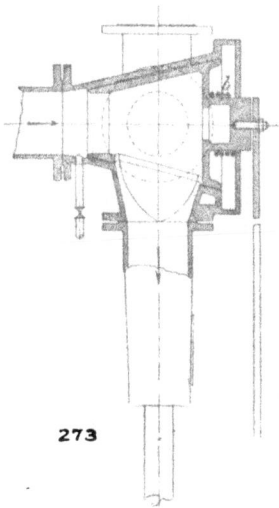 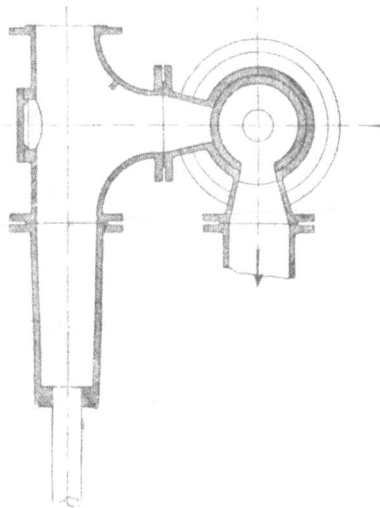

Fig. 12.   Fig. 13.

Zugwechsel der Gasmotorenfabrik Deutz.

und der eine Abschluß sich zu derselben Zeit öffnet, wo der andere schließt.

In Fig. 12 und 13 ist eine Zugwechselkonstruktion der Gasmotorenfabrik Deutz dargestellt. Es ist hier die Form eines Dreiwegehahnes gewählt. Die Pfeilrichtungen in den Figuren zeigen den Weg an, welchen das Gas nimmt, wenn der Generator mit dem Motor verbunden ist. Wird der Hahn um einen rechten Winkel gedreht, so ist die Verbindung zwischen Generator und Motor aufgehoben und gleichzeitig ein anderer durch das T-Stück nach oben ins Freie gehender Weg geöffnet. Der nach unten führende Abzweig des Freiluftrohres führt in einen Wasserabschluß.

Das mit Graphit zu schmierende Hahnküken wird durch die Feder *b* in sein Gehäuse gedrückt und so in gutem Schluß und leichter Beweglichkeit erhalten.

Das Generatorgas verläßt seinen Erzeugungsort mit erheblicher Wärme 4—500° und ist schnell so weit abzukühlen, daß es, vor dem Motor angekommen, die Temperatur der Außenluft angenommen hat, mit der es ja nun in bestimmtem Verhältnis gemischt wird. Als geeignetsten bewährten Kühlapparat konnte man für diesen Zweck den von den Leuchtgasanstalten her bekannten sog. **Skrubber** übernehmen, einen mit Stückkoks gefüllten Blechzylinder, durch den von oben her kaltes Wasser herunterrieselt, während das heiße Gas seinen Weg von unten nach oben durch den porösen feuchten Koks nimmt.

In Fig. 14 ist ein solcher Skrubber dargestellt. Die Koksfüllung liegt auf einem Rostboden, darunter bleibt ein Sammelraum für das Gas und das abfließende Rieselwasser. Das Gas tritt durch den Stutzen *C* ein, *E* ist das Überlaufrohr für den Wasserabfluß. Aus der Brause *B* wird das kalte Wasser gleichmäßig über die Koksfläche verteilt, und das Gas findet ausreichend Gelegenheit, sich abzukühlen, Staub und Teerteilchen an den rauhen Koksflächen abzusetzen. Über dem Koks verbleibt ein freier Raum, in den das Gasabzugsrohr mündet; ein Schutzblech vor der Abzugsöffnung verhindert das Mitreißen von Wasserteilchen.

Der Wasserzufluß soll so eingestellt werden, daß die Skrubberwand im unteren Drittel handwarm, im oberen Teil kalt bleibt. Die Stückgröße des Kokes nimmt von oben nach unten von ca. 50 mm auf 100 mm zu. Da beim Einfüllen des Kokes in den Blechzylinder die einzelnen Stücke durch Herunterstürzen leicht zertrümmert werden, so ist zu empfehlen, den Koks nach Vorbild der Nebenfigur in Körben herunterzulassen und erst unten umzukippen. Bei Verwendung reinen Wassers ist die Koksfüllung etwa ein Jahr brauchbar.

Der Reiniger. Beim Verlassen des Skrubbers führt das Gas immer noch Teer, Flugasche und Teilchen des Rieselwassers mit sich, die sich der Trennung von dem Gase mit großer Zähigkeit widersetzen, namentlich macht der Teer Schwierigkeiten. Dennoch muß dahin gestrebt werden, daß das Gas in möglichster Reinheit dem Motor zugeführt wird, da die erwähnten Beimengungen zu äußerst lästigen Betriebsstörungen führen. Der Teer schwebt in dem Gase in Form sehr widerstandsfähiger, winziger, elastischer Bläschen, die sich nur durch Aufsaugen, Auf-

lösen oder Zerreißen der Teerhülle von dem Gase trennen
lassen. Dementsprechend bestehen die Reinigungsmittel
für das aus dem Skrubber tretende Gas darin, daß man
es durch Schichten von Sägespänen, Maschinenhobelspänen,
Schlackenwolle usw. hindurchsaugt und event. diese Stoffe

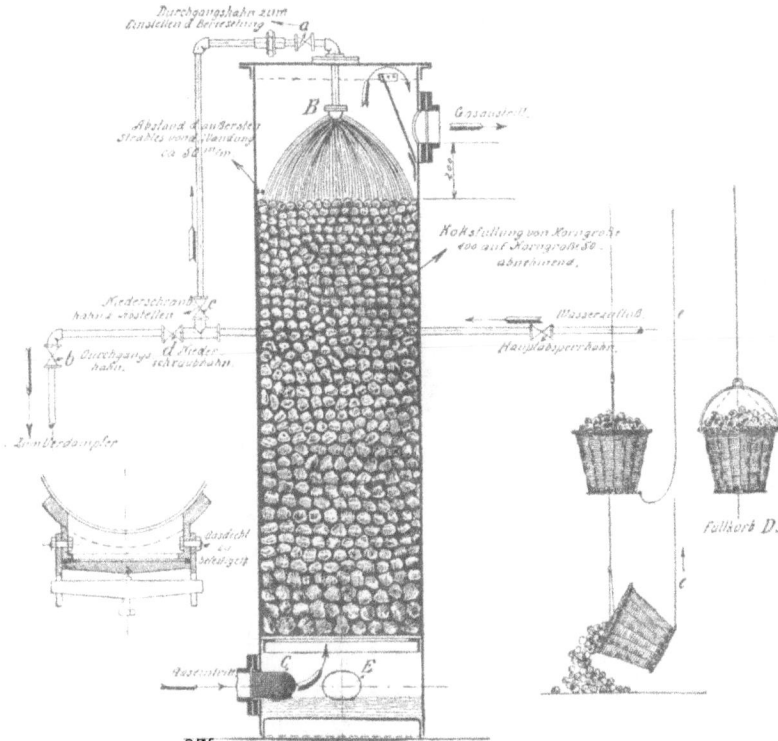

Fig. 14. **Skrubber** der Gasmotorenfabrik Deutz.

B Eintritt des Rieselwassers in den Skrubber. — C Gasfilter. — E Wasserüberlauf. — c D Einrichtung des Korbes zum Einfüllen neuen Kokses in
den Skrubber.

mit Petroleum oder anderen bei Lufttemperatur nicht-
flüchtigen Kohlenwasserstoffen tränkt, welche die Teerhaut
auflösen, oder indem der Gasstrom durch viele und schroffe
Richtungswechsel in heftige Bewegungen versetzt und
gegen rauhe scharfe Kanten geworfen wird, wo die Teer-
häutchen zerrissen und festgehalten werden.

In Fig. 15, 16 und 17 sind Reiniger dieser letzteren Art
dargestellt, wie sie von der Gasmotorenfabrik Deutz ausgeführt werden.   Aus den später vorgeführten Abbildungen
zusammengestellter Sauggasanlagen sind Ausführungen von

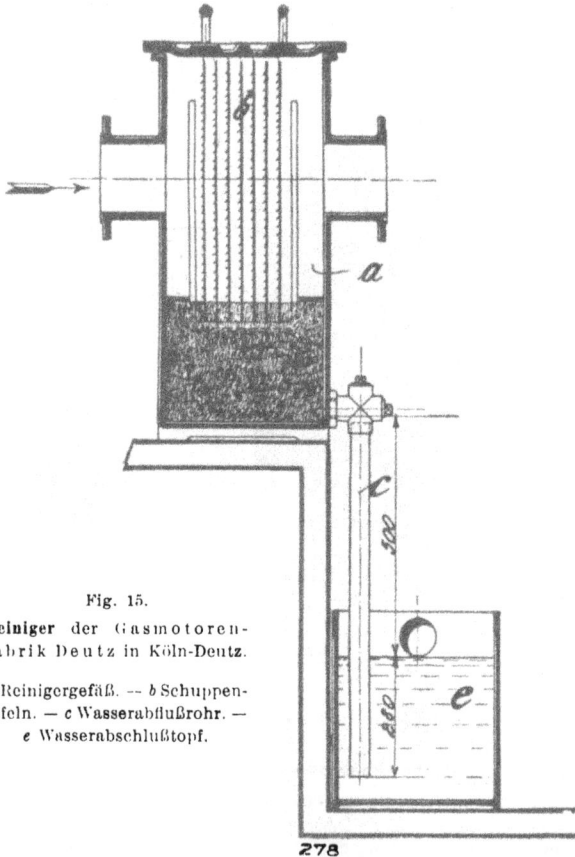

Fig. 15.

Reiniger der Gasmotorenfabrik Deutz in Köln-Deutz.

a Reinigergefäß. -- *b* Schuppentafeln. — *c* Wasserabflußrohr. —
e Wasserabschlußtopf.

278

Reinigern ersichtlich, welche Teer und Wasser durch Lösen
und Aufsaugen entfernen.

Durch den Apparat Fig. 17 wird hauptsächlich das
aus dem Skrubber mitgerissene Wasser abgeschieden. *b* sind
»Schuppentafeln« aus verzinktem Eisenblech, an deren viel-
fachen scharfen Kanten sich der Wasserstaub stößt, niederschlägt und als flüssiges Wasser an den Blechen herunter-

läuft. Der untere Teil des Behälters *a* ist mit Holzwolle gefüllt, die sich mit dem abfließenden Wasser durchtränkt erhält und einen gasdichten Abschluß nach unten bildet. Das überflüssige Wasser fließt dauernd durch Rohr *c* in den Überlauftopf *e*. Da sich auch Teer an den Schuppentafeln niederschlägt, so sind die Bleche etwa alle 10 Tage herauszunehmen und mit Benzol oder Petroleum abzuspülen. Eine Lage Putzwolle auf den oberen Kanten der Schuppentafeln sorgt hier für einen gasdichten Abschluß. Falls das Gas nach dem Durchströmen dieses Reinigers noch Teer- und Staubteile enthält, schaltet die Deutzer

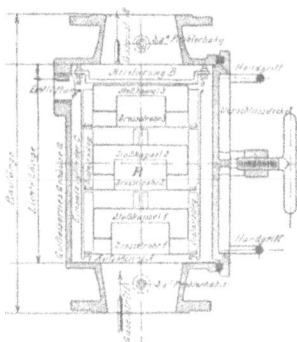 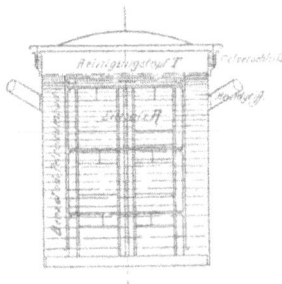

Fig. 16.   Fig. 17.

„Schlußreiniger" der Gasmotorenfabrik Deutz in Köln-Deutz.

Der Reiniger Fig. 16 dient zum Abscheiden der letzten Reste von Teer und Staub, das Gas prallt gegen die Böden der »Stoßkapseln« 1, 2 und 3. Teer und Staub kleben hier fest. Zur Entfernung des Teers aus den Kapseln wird der Einsatz *R* herausgehoben und in ein Petroleumbad (Fig. 17) gesetzt, wo der Teer sich löst und der Staub zu Boden fällt.

Fabrik noch einen zweiten Reiniger ein, bei dem die mitgeführten Teerbläschen durch wiederholtes Aufprallen des Gasstromes auf feste Blechscheiben zerreißen und festkleben, mitgeführte Staubteile kleben dann wieder an der Teerhaut fest.

Zur Ingangsetzung der Anlage ist es nötig, das Feuer im Generator von Hand mit einem **Ventilator** anzublasen und durch die Räume des Skrubbers und der Reiniger hindurch nach dem Motor hinzutreiben, da es nicht möglich sein wird, den Motor so lange von Hand zu drehen oder durch die Anlaßvorrichtung zu betreiben, bis das Gas vor dem Motor steht.

Zur Zeit des Anblasens findet im Verdampfer meistens noch keine genügende Dampfentwicklung statt, es hat also keinen Zweck die Anblaseluft über dem Verdampfer her zu entnehmen, man schließt vielmehr das nach dem Verdampfer führende Rohr ab, und nimmt die Luft für den

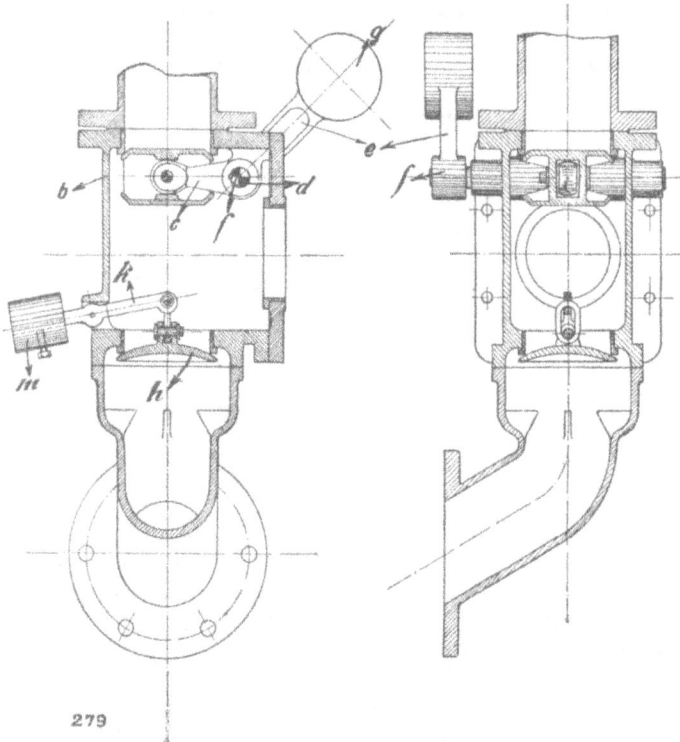

Fig. 18.

Sicherheitsventil am Generatorluftrohr. Gasmotorenfabrik Deutz in Köln-Deutz.

b Ventilgehäuse. — c Wechselklappenhebel. — d Hebelachse. — e Fallgewichts-
hebel. — h Sicherheitsventil. — k Ventilhebel. — m Gegengewicht.

Ventilator direkt von außen und bläst sie unter den Rost. Im Generator wird dann also überwiegend Kohlen-oxydgas erzeugt und mit diesem wird der Motor auch in Gang gesetzt. Die Generatoranlage arbeitet beim Anlassen als »Druckgasanlage«, erst wenn der Motor dann seine

volle Geschwindigkeit erreicht hat, ist der Ventilator anzuhalten, es beginnt nun der Sauggasbetrieb, die Verbindung
nach dem Verdampfer ist zu öffnen und der Ventilator
abzusperren. Allmählich setzt dann die Wasserdunstbildung
ein, das Gas erhält seine rich-
tige Zusammensetzung und
der Motor seine volle Kraft.
Schon anfangs ist darauf hin-
gewiesen worden, daß un-
mittelbar nach dem Anhalten
des Motors der Abzug des
Generators ins Freie zu öffnen
sei, damit die Gase, welche
sich noch aus der in voller
Glut befindlichen Feuerung
entwickeln, sofort einen Abzug finden. Wird diese Vor-
sichtsmaßregel versäumt, so
nehmen die Gase sofort die
umgekehrte Richtung im Generator an, sie treten durch
den Rost und das Luftrohr
in den Aufstellungsraum und
können hier zu Vergiftungen
oder Explosionen Veranlassung geben. Die Deutzer Gasmotorenfabrik bringt daher
bei ihren Anlagen ein **Sicherheitsventil** an, welches sich
selbsttätig schließt, sobald im
Generator ein Überdruck entsteht. In Fig. 18 ist dies
Sicherheitsventil dargestellt.
Wie ersichtlich, ist es mit der
Abschlußklappe für den Ventilator in einem Gehäuse
untergebracht.

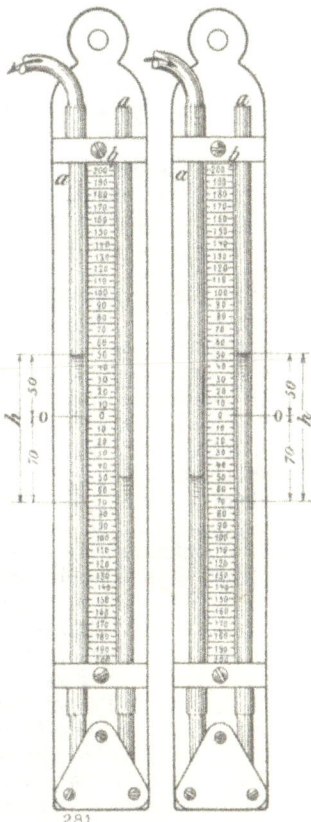

Fig. 19.
Schenkelmaß der Gasmotorenfabrik Deutz in Köln-Deutz.

Es ist von Wichtigkeit,
jederzeit erkennen zu können,
wie groß der Unterdruck an
bestimmten Stellen der Gene-
ratoranlage ist. Zu dem Zweck sind vor und hinter den
einzelnen Hauptbestandteilen Hähne angebracht, an denen
Unterdruckmesser angesetzt werden können. Als Unterdruckmesser kann ein nach Art der Monometer ge-
fertigtes Meßinstrument (Vakuummeter) benutzt werden

oder ein sog. »Schenkelmaß«, bestehend aus einem U-förmig
gebogenen Glasrohr, dessen Schenkel zum Teil mit Wasser
angefüllt sind. Die Metallvakuummeter sind sehr bequem,
werden aber dort, wo die Gase schwefelhaltig sind, von
diesen angegriffen. Die Schenkelmaße sind in dieser Beziehung unempfindlich, dafür aber wieder zerbrechlich.
Jedenfalls ist aber das Schenkelmaß das Instrument, welches
den Unterdruck auf die Dauer am zuverlässigsten anzeigt.
In Fig. 19 ist ein »Schenkelmaß«, wie es von der Gasmotorenfabrik Deutz den Anlagen mitgegeben wird, dargestellt.

Am wichtigsten ist es, jederzeit den Unterdruck vor
und hinter dem Skrubber kontrollieren zu können. Unter
normalen Verhältnissen soll er vor dem Skrubber 80 mm
Wassersäule, hinter ihm — nach dem Motor zu — 120 mm
betragen.

Will man untersuchen, welcher Saugwiderstand sich
in den einzelnen Apparaten der Anlage darbietet, so ist
der Druckunterschied vor und hinter dem betreffenden
Apparat festzustellen. Es soll sich im Generator je nach
der Höhe der Kohlenschicht ein Saugwiderstand von
50—150 mm Wassersäule zeigen, im Skrubber 10—40 mm,
im Reiniger 20—50 und unmittelbar vor dem Motor
150—250 mm.

Beim Anhalten des Motors und während der Betriebspausen sammelt sich in den Apparaten und Rohrleitungen
immer unentzündbares Gas an, das entfernt werden muß,
um den Motor schnell und sicher in Gang bringen zu
können. Wie schon angedeutet, bringt man zu diesem
Zweck dicht vor dem Gasabsperrhahn am Motor einen
Hahn an, durch den das unbrauchbare Gas mit Hilfe des
Handventilators ins Freie getrieben werden kann. Durch
Entzünden einer Probeflamme überzeugt man sich dann,
daß gutes Gas vor dem Motor steht. Damit diese Flamme
nicht in die Rohrleitung zurückschlagen kann, muß die
Mündung des Probierhahnes durch eine haltbare Draht-
gazekappe geschützt werden.

Fünfter Abschnitt.

Zeitgemäße Sauggasanlagen.

———

Fig. 20. **Sauggasanlage für Braunkohlenbetrieb,** ausgeführt von der Gasmotorenfabrik Deutz in Köln-Deutz, für Motoren von 10—40 PS.

Von links beginnend: Ventilator. Generator. Gaszug. Reiniger mit Scheibebscheider, oben mit Wechselbahn. — Zuführer. Reiniger. Gasrohr nach dem Motor.

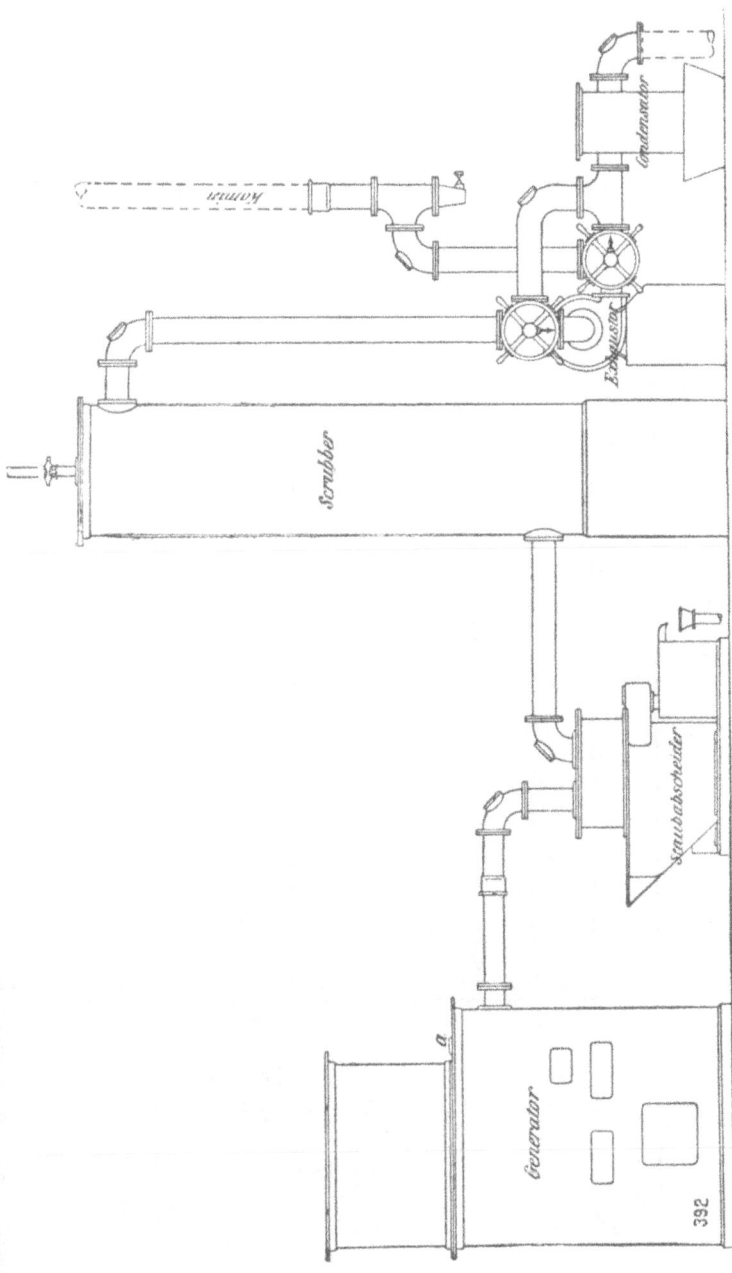

Fig. 21. **Sauggasanlage für Braunkohlenbetrieb**, ausgeführt von der Gasmotorenfabrik Deutz in Köln-Deutz von 45—200 PS.

Preisliste
der Deutzer Sauggasanlagen für den Betrieb mit Braunkohlen.

Für eine Dauerleistung von . . . . . PS	10	12	14	16	20	25	30	35	40	50	55	65	75	90	95	110	130	140	160	180
Preis der Generatoranlage einschl. Skrubber, Exhaustor u. Rohrleitung M.	1900	1900	1900	1900	2200	2200	2350	2350	2350	4660	4660	4660	5650	5650	5650	6300	6500	7050	7050	8150
Preis für Kondensator und Schlußreiniger . M.	300	300	300	300	350	350	400	400	400	440	440	440	450	450	450	500	500	550	550	650
Vollst. Generatoranlage oh. Rohrleit. zwischen Skrubber bzw. Kondensator und Motor — **Preis**. M.	2200	2200	2200	2200	2550	2550	2750	2750	2750	5100	5100	5100	6100	6100	6100	7000	7000	7600	7600	8800
— Gewicht netto . kg	3250	3250	3250	3250	4650	4650	5100	5100	5100	13800	13800	13800	17400	17400	17400	19500	19500	22300	22300	24800
— Gewicht brutto »	3500	3500	3500	3500	5000	5000	5400	5400	5400	14500	14500	14500	18100	18100	18100	20200	20200	23100	23100	25600
Bruttogewicht des schwersten Stückes . kg	1250	1250	1250	1250	1850	1850	2000	2000	2000	3300	3300	3300	4000	4000	4000	4300	4300	4900	4900	5800
Mehrpreis für Staubabscheider m. Verdampfer M.	200	200	200	250	250	250	300	300	300	350	350	350	400	400	400	475	475	500	500	625
Mehrgewicht für Staubabscheider mit Verdampfer netto . . . ca. kg	250	250	250	250	300	300	360	360	360	500	500	500	630	630	630	680	680	780	780	880
Trockenreiniger — **Preis** . . . . M.	450	450	450	450	550	550	800	800	800	1150	1150	1150	1350	1350	1350	1500	1500	1700	1700	2100
Trockenreiniger — Gewicht netto ca. kg	700	700	700	700	900	900	1050	1050	1050	1650	1650	1650	2100	2100	2100	2250	2250	2400	2400	3000
Trockenreiniger — » brutto »	730	730	730	730	950	950	1100	1100	1100	1720	1720	1720	2180	2180	2180	2340	2340	2500	2500	3100

Preisliste

der Deutzer Sauggasanlagen für den Betrieb mit Anthrazit und Koks.

Für eine Motorleistung von . . PS	8	10	12	14	16	20	25	30	35	40	45	50	60	70	80	100	110	125	145	160	175	185	200
Preis einschl. Skrubber, Ventilator und Rohrleitung bis zum Skrubber . M.	1340	1500	1500	1500	1750	2050	2600	2600	2900	2900	3350	3350	3350	4100	4100	4100	4100	4550	5050	5050	5550	5550	5800
Preis für Schlußreiniger und Kondensator . M.	260	300	300	300	350	350	350	400	400	400	400	450	450	500	500	500	500	550	650	650	650	650	700
Vollst. Generator-gasanlage: Preis . M.	1600	1800	1800	1800	2100	2100	2400	2450	3000	3000	3300	3300	3800	3800	3800	4600	4600	4600	5100	5700	5700	5700	6500
Gewicht netto kg	1800	2250	2250	2250	2950	2950	3000	3750	3900	3900	4200		6200	6200	7800	7800	7800	9400	10000	11800	11800	12500	13600
» brutto »	2100	2600	2600	2600	3300	3300	3400	4200	4400	4400	4700		6700	6700	8300	8300	8300	10000	12500	12500	12500	13600	14300
Bruttogewicht des schwersten Stückes . kg	650			1100	1100	1100	1470	1470	1500	1700	1700	1800	1800	2260	2260	2630	2630	2630	3350	4100	4100	4100	5500
Trocken-Reiniger mit Holzboden u. Anschluß-stutzen: Gesamt-Filterfläche qm			1,35	1,35	1,90	1,90	2,85	2,85	4,50	4,50	4,50	6,00	6,00	10,40	10,40	11,20	11,20	11,20	14,00	15,60	15,60	16,60	21,60
Preis . M.			300	300	300	450	450	550	800	800	800	950	950	1150	1150	1350	1350	1350	1500	1700	1700	1700	2100
Gewicht netto . kg			475	475	475	700	700	900	1050	1050	1050	1300	1300	1650	1650	2100	2100	2100	2250	2400	2400	2400	3000
» brutto »			500	500	500	730	730	950	1100	1100	1100	1350	1350	1720	1720	2180	2180	2180	2340	2500	2500	2500	8100

4*

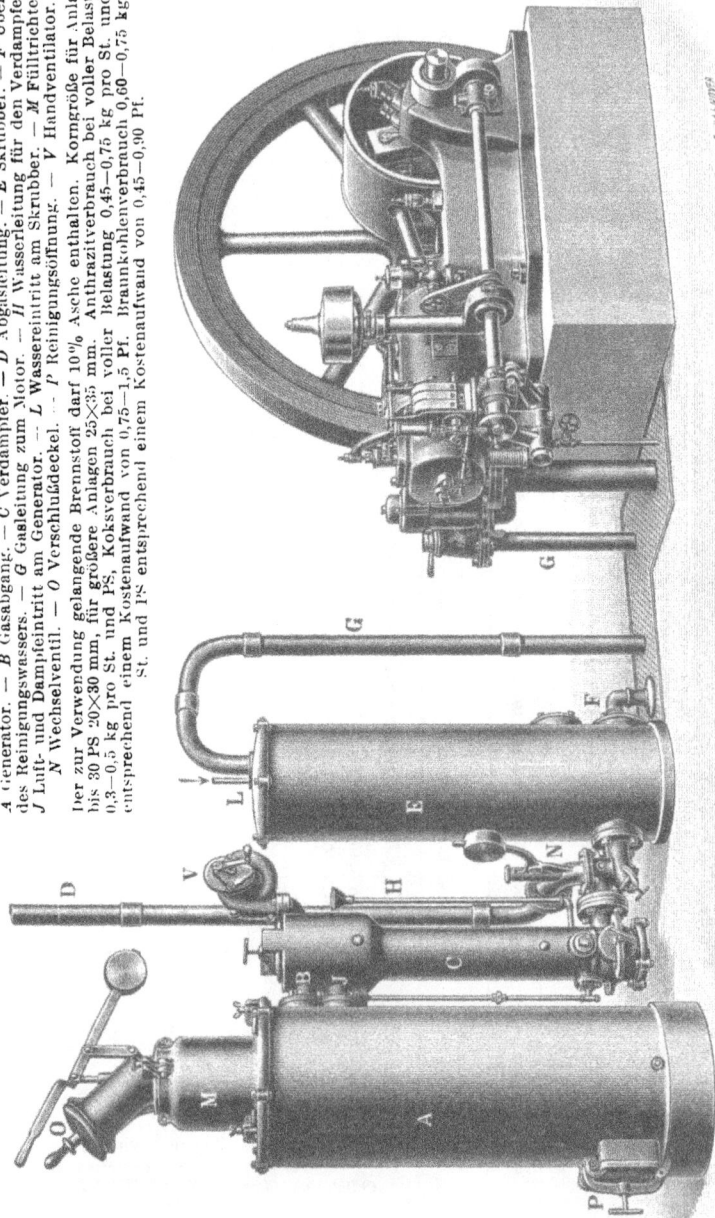

A Generator. — B Gasabgang. — C Verdampfer. — D Abgasleitung. — E Skrubber. — F Überlauf des Reinigungswassers. — G Gasleitung zum Motor. — H Wasserleitung für den Verdampfer. — J Luft- und Dampfeintritt am Generator. — L Wassereintritt am Skrubber. — M Fülltrichter. — N Wechselventil. — O Verschlußdeckel. — P Reinigungsöffnung. — V Handventilator.

Der zur Verwendung gelangende Brennstoff darf 10% Asche enthalten. Korngröße für Anlagen bis 30 PS 20×30 mm, für größere Anlagen 25×35 mm. Anthrazitverbrauch bei voller Belastung 0,3—0,5 kg pro St. und PS, Koksverbrauch bei voller Belastung 0,45—0,75 kg pro St. und PS entsprechend einem Kostenaufwand von 0,75—1,5 Pf. Braunkohlenverbrauch 0,60—0,75 kg pro St. und PS entsprechend einem Kostenaufwand von 0,45—0,90 Pf.

Fig. 33. **Sauggasanlage für Anthrazit und Koks,** ausgeführt von Gebr. Körting, A.-G., in Körtingsdorf bei Hannover.

Preisliste

von Körtings Sauggasanlagen für den Betrieb mit bestem Anthrazit.

Ausreichend für eine größte Dauerleistung d. Gasmotors von PS	6—8	10—14	16—20	25	32—37	44	54—60	70	80—90	100	115—130	140—180	200	250
Preis . . . . M.	1250	1575	1800	1935	2470	3080	3335	3815	4035	4550	4900	5700	6200	7870
Bei Benutzung minderwertiger Anthrazitsorten und Koks gehört noch ein Sägespänreiniger dazu im Preise von . . M.	255	260	295	315	520	670	670	770	770	935	935	1100	1100	1715

Preisliste

der Sauggasanlagen für **Braunkohle-Briketts.**

Ausreichend für eine Dauerleistung d. Motors von . . PS	27,5	32,5	37,5	44	54	65	80	90	105—115	130	140—156	160—180	210—230	260	280
Preis . . . . M.	4100	4185	4225	4550	4700	5065	5300	5800	6200	6800	7200	7600	9335	10600	11400

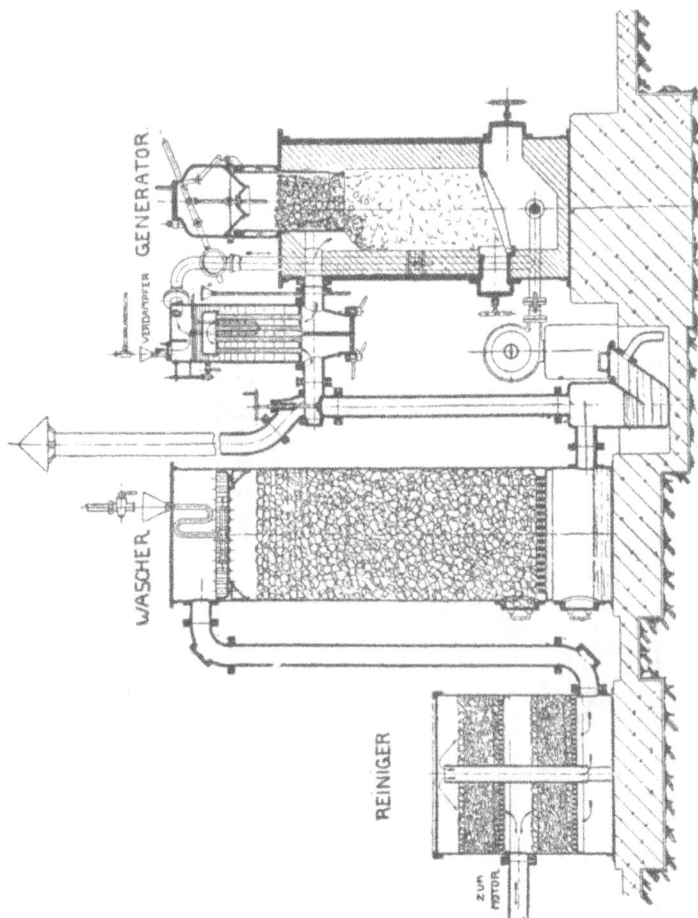

Fig. 23. **Sauggasanlage für Anthrazit- und Koksbetrieb von 50 PS.** Gebaut von der Firma Vereinigte Maschinenfabrik Augsburg und Maschinenbaugesellschaft Nürnberg, A.-G., Werk Nürnberg.

Rechts beginnend: Generator mit Schütttrichter. — Oben Verdampfer mit Siederohren, unten Ventilator. — Gasrohr oben mit Wechselventil, unten mit Schlammfänger. — Skrubber mit Wasserzuführung durch Blechschale mit durchlochtem Boden. — Trockenreiniger mit Füllung von Säge- und Maschinenhobelspänen.

Für größere Anlagen empfiehlt die Firma die Einschaltung eines Ventilators zwischen Reiniger und Motor, der die Gase durch die Apparate saugt und dem Motor zudrückt. Dadurch wird dann auch die Einschaltung eines kleinen Gasometers möglich, durch dessen Verwendung Unregelmäßigkeiten in Zusammensetzung und Druck des Gases ausgeglichen und der Betrieb zuverlässiger gemacht wird.

Fig. 24. **Nürnberger Generatoranlage** (Vereinigte Maschinenfabrik Augsburg und Maschinen-
baugesellschaft Nürnberg, A.-G.) **für Braunkohlenbriketts.** 150 PS. Für Tag- und Nachtbetrieb.
Von links beginnend: Generator von quadratischem Querschnitt. — Skrubber. — Reiniger mit drei
Abteilungen. — Gasabzugsrohr nach dem Motor.

Fig. 25. **125 PS-Sauggasanlage für Braunkohlenbriketts**, ausgeführt von Julius Pintsch, Aktiengesellschaft in Berlin.

Von links beginnend: Generator. — Gasabzugsrohr; oben mit Wechselhahn, in der Mitte mit Verdampfer und unten mit Schlamm-abscheider. — Skrubber. — Exhaustor mit Gaseinlaß für das Anlassen; dahinter Gasleitungsrohr nach dem Reiniger. — Trockenreiniger.

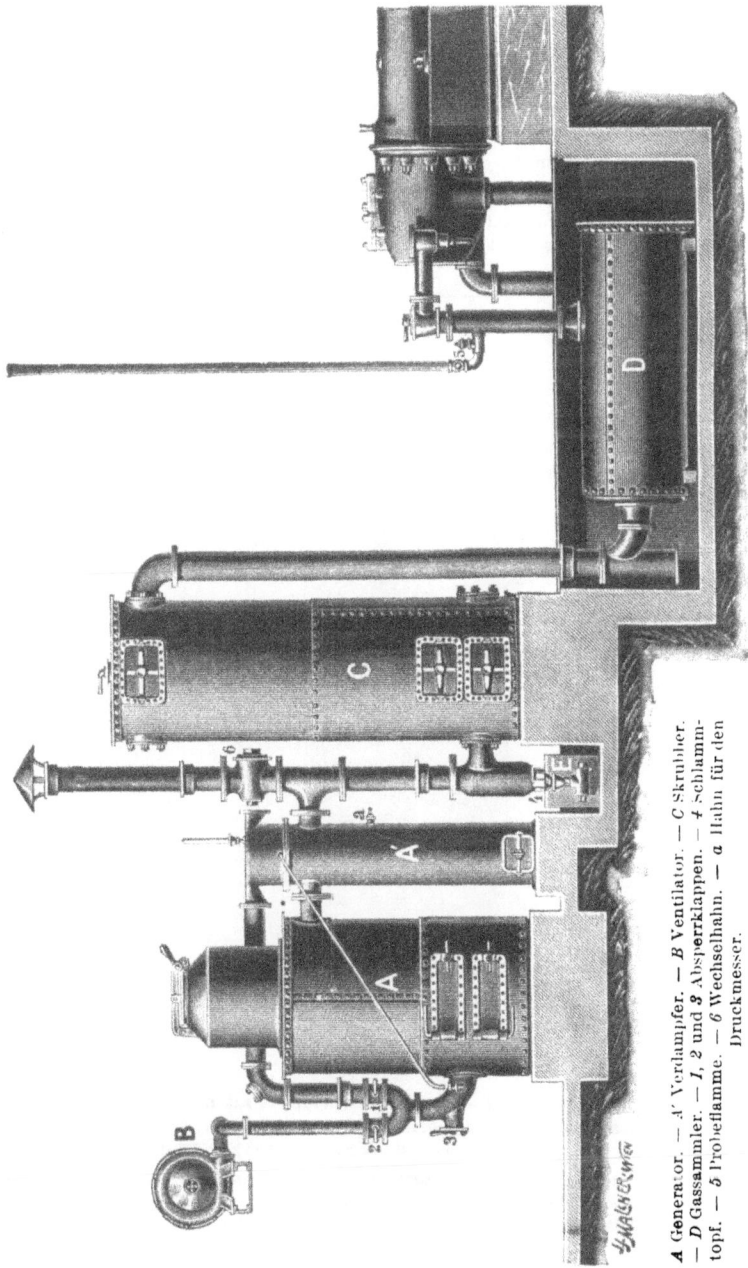

A Generator. — A' Vordampfer. — B Ventilator. — C Skrubber. — D Gassammler. — 1, 2 und 3 Absperrklappen. — 4 Schlammtopf. — 5 Probeflamme. — 6 Wechselhahn. — a Hahn für den Druckmesser.

Fig. 26. Sauggasanlage für größere Leistungen mit Anthrazit- oder Koksbetrieb von Langen & Wolf in Wien, Budapest und Prag.

Preisliste
der Generatoranlagen von Langen & Wolf in Wien.

Maschinengr. in PS . .	8	10	12	16	20	25
Preis der Generatoranlage mit Ventilator u. Skrubber K	2100	2200	2300	2400	2600	2800
Preis des Trockenreinigers K	220	220	250	250	300	300

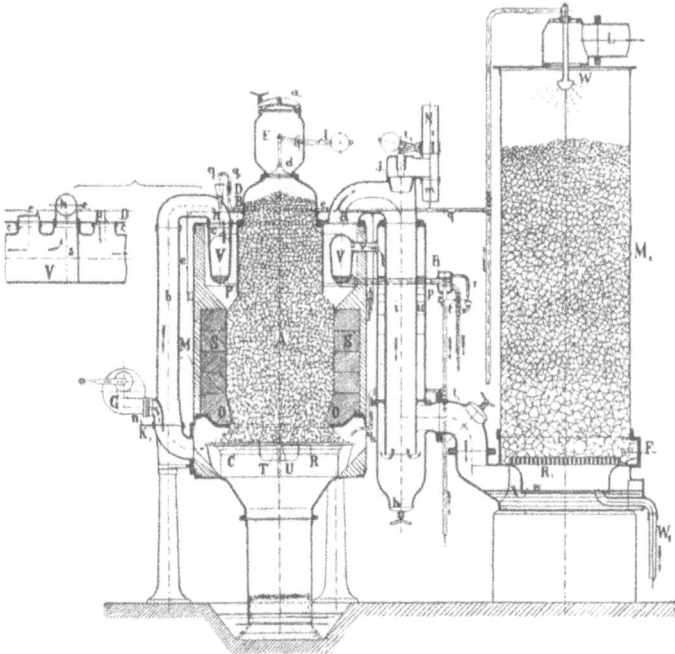

Fig. 27. **Durchschnitt einer Sauggasgeneratoranlage für Motoren über 40 PS mit Anthrazit- oder Koksbetrieb,** gebaut von der Schweizerischen Lokomotiv- und Maschinenfabrik in Winterthur.

M Blechmantel des Generators. — *A* Generatorschacht. — *S* Feuerfestes Futter. — *V* Verdampfer. — *G* Ventilator. — *M₁* Skrubber. — *T* Aschentür. — *O* Konischer Teil des Generatorschachtes. — *R* Rost. — *D* Deckel des Gene-

ratorgehauses (Nebenfigur). — *E* Beschickungsschleuse. — *P* Sammelraum für
das Gas. — *B* Raum auf dem Generatordeckel, als Luftvorwärmer dienend. —
c Nippel zum Aufhängen des Verdampfers. — e_2 Deckel auf *c*. — *J* Wechselventil. — *N* Schornstein für den Abzug der Gase ins Freie. — *m* Sammelraum
für Wasser und Teer. — *a* Gasabzugsöffnung aus dem Generatorschacht. —
b Rohr für Luft und Wasserdampf, unter den Rost führend. — *i* Gasrohr, nach
dem Skrubber führend. — *u* Kühlmantel für das Gasrohr. — *e* Doppelmantel
des Generators. — *e* Doppeldecke auf dem Generator. — *f* Lufteintritt in den
Doppelmantel, welcher als Luftvorwärmer dient. — *s* Scheidewand im Verdampfer, durch welchen die Luft genötigt wird, den vollständigen Weg über
den Wasserspiegel zu machen. — *h* Austrittsöffnung für die mit Wasserdämpfen
gesättigte Luft. — *q* Wasserzuflußtrichter für das Verdampferwasser. —
q_1 Wasserzuflußhahn für den Verdampfer. — q_2 Direkte Wasserzuführung auf
den Rost, um für kurze Zeit ein wasserstoffhaltigeres Gas für das Anlassen
zu erzeugen. — *v* Verbindungsstutzen des Nebenverdampfers *u* mit dem Haupt-
verdampfer *V*. — *R* Reinigungsdeckel für das Gasrohr. — R_1 Holzrost im
Skrubber. — W_1 Abfluß für das Skrubberwasser.

Fig. 28.

Sauggasanlage für Anthrazit- oder Koksfeuerung unter 40 PS, gebaut von
der Schweizerischen Lokomotivfabrik in Winterthur.

Fig. 29.

Sauggasmotor stehender Bauart, ausgeführt von der Schweizerischen Lokomotivfabrik in Winterthur.

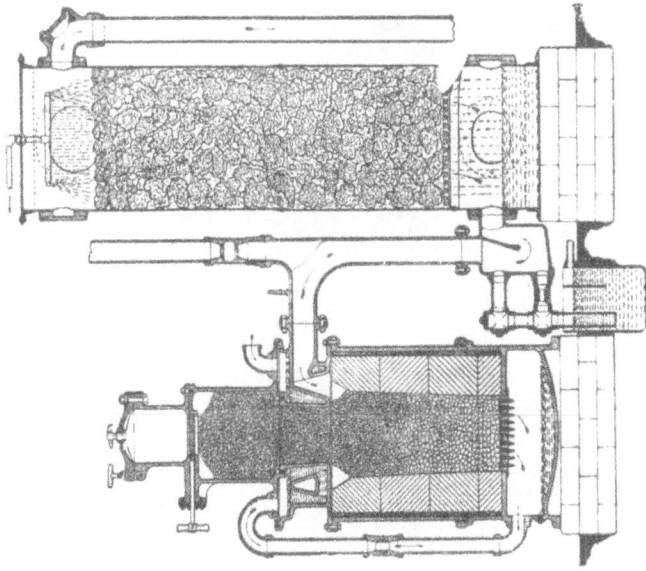

Fig. 30. **Durchschnitt einer Sauggas-Generatoranlage für Anthrazit- oder Koksfeuerung, gebaut von Tangyes Ltd.** Cornwall Works, Birmingham.

Von links beginnend: Generator. — Gasabzugsrohr unten mit Wasserabschlußtopf. — Skrubber.

Fig. 31. **Ansicht der Sauggas-Generatoranlage** von Tangyes Ltd. Cornwall Works, Birmingham.

Fig. 32.

Sauggasmotor von Tangyes Ltd. Cornwall Works, Birmingham.

Sechster Abschnitt.

Aufstellung der Generatoranlagen.

Für die Aufstellung von Sauggasanlagen sind nachstehende Punkte zu beachten:

1. Das Vorhandensein festen Baugrundes.
2. Die Möglichkeit, der Gasanlage die richtige Lage zum Motor geben zu können.
3. Die Möglichkeit, den Generator- und Motorenraum ventilieren zu können.
4. Die Möglichkeit, Motor und Gasanlage so aufzustellen, daß alle Teile allseitig zugänglich sind.
5. Die Möglichkeit, alle Teile der Gasanlage und des Motors ohne Schwierigkeit nach dem Aufstellungsort transportieren und wieder entfernen zu können.
6. Die Möglichkeit, den Brennstoff billig und bequem anfahren und nahe dem Generator trocken lagern zu können.
7. Das Vorhandensein genügender Mengen geeigneten Wassers für den Generator und für Kühlzwecke und die Möglichkeit, das gebrauchte Wasser abzuführen.
8. Die Möglichkeit, die Auspuff- und Anfeuerungsgase so abführen zu können, daß die Nachbarschaft nicht durch Geräusch und Geruch belästigt wird.
9. Die Möglichkeit, den Motor so aufzustellen, daß die mit dem Betrieb verbundenen Erschütterungen im eignen und benachbarten Gebäuden nicht störend bemerkbar sind.

Für kleine Anlagen wird man sich über die vorstehenden Fragen bald Klarheit verschaffen können, bei

größeren und großen Anlagen ist aber alles, was mit der
Aufstellung zusammenhängt, sehr gründlich zu erwägen,
da die Anschaffungskosten und auch die des Betriebes
wesentlich von richtig disponierter Aufstellung abhängen.

Fester Baugrund. Aufgeschütteter oder stark
tonhaltiger Boden oder Geröll eignet sich nicht als Baugrund für die Fundamente der Generatorgasanlage. Es
ist zuerst zu untersuchen, wie tief man mit dem Fundament heruntergehen muß, bis der feste »gewachsene«
Boden erreicht ist. Dabei hat man auch Rücksicht auf
den Grundwasserstand zu nehmen. Fundamente können
unter ungünstigen Verhältnissen so teuer werden, daß
allein aus diesem Grunde ein anderer Aufstellungsort gewählt werden muß.

Eine Aufstellung von Sauggasanlagen in den Etagen
eines Gebäudes ist nur bei ganz kleinen Ausführungen
denkbar. Wo sie in Frage kommen sollte, wäre vor allen
Dingen die Tragfähigkeit und gute Erhaltung der Decken-
konstruktion zu prüfen.

Die Möglichkeit, der Gasanlage die richtige Lage zum Motor geben zu können.

Mit Rücksicht auf Hitze, Staub und lästige Gase,
welche sich beim Abschlacken und Beseitigen der Asche
entwickeln, empfiehlt es sich, die Gasanlage in einem vom
Motor getrennten Raum aufzustellen. Dieser Raum muß
Wand an Wand mit dem des Motors liegen und sich gut
entlüften lassen, die Gasleitung nach dem Motor soll kurz
sein und möglichst wenig Krümmungen haben. Der Brenn-
stoffvorratsraum muß ebenfalls so dicht wie möglich bei
der Gasanlage liegen und durch eine besondere Tür er-
reichbar sein. Treppen und Leitern sind in allen Räumen
soviel wie möglich zu vermeiden. Zwischen Motor- und
Gasraum ist eine Glastür anzubringen.

Lage des Motors zur Transmission.

Bei Festlegung des Aufstellungsortes für den Motor
ist zu berücksichtigen, daß die Arbeitsmaschinen, welche
am meisten Kraft brauchen, dem Motor am nächsten liegen
müssen, daß der Betriebsriemen freien Raum findet, um
nach der Transmission geführt zu werden, und die An-
triebsriemscheibe des Motors soweit von der Wand ab-
steht, daß der Riemen von der Seite her aufgelegt werden
kann.

Lüftung des Generator- und Motorenraumes.

Beim Entfernen der Schlacke und Asche, beim »Anfeuern« des Generators und auch beim Abstellen des Motors ist es oft nicht zu vermeiden, daß Gas und Verbrennungsprodukte in den Generatorraum treten, die das Bedienungspersonal belästigen können, wenn nicht für den schnellen Abzug der Gase und den Nachtritt frischer Luft gesorgt ist. Auch im Motorenraum macht sich die vom Arbeitszylinder, dem Auspuffrohr und Auspufftopf ausströmende Wärme oft unangenehm bemerkbar, so daß zu empfehlen ist, auch diesen Raum mit Entlüftungsvorrichtungen zu versehen.

Zugänglichkeit aller Teile der Anlage.

Bei Aufstellung der Gasanlage ist darauf zu achten, daß nicht nur die Reinigung des Aschenfalls und Rostes leicht ausführbar ist, sondern die einzelnen Teile der Anlage müssen auch von allen Seiten zugänglich sein, damit sie stets auf Dichtigkeit geprüft und ohne weiteres repariert werden können. Über dem Generator muß so viel Höhe bleiben, daß die Stange zum Abstoßen der Schlacke bequem gehandhabt werden kann. Eine versenkte Aufstellung des Generators, wie man sie hier und da findet, ist nicht zu empfehlen, weil der Wärter beim Reinigen des Rostes zu sehr von der Hitze zu leiden hat. Für größere Anlagen ist ein Kohlenaufzug anzulegen; die nach der Beschickungsbühne führende Treppe soll nicht zu steil und zu schmal sein und an beiden Seiten Handläufer haben. Der »Zugwechsel« zwischen Generator, dem Skrubber und der äußeren Luft muß vom Motor aus unbehindert und schnell zu erreichen sein. Der Stand des Wärters bei Bedienung des »Zugwechsels« und des Ventilators sollte möglichst so liegen, daß der Wärter im Fall einer Explosion nicht nach außen hin abgesperrt werden kann, sondern Gelegenheit findet, durch Türen oder Fenster das Freie zu erreichen. Alle Wasserhähne und Fangtrichter sind in bequemer Höhe anzubringen.

Bei Bestimmung des Aufstellungsortes für den Motor ist daran zu denken, daß genügend Platz bleiben muß — bei stehend gebauten Motoren auch in der Höhe — um den Kolben mit der Pleuelstange herauszuziehen. Ferner muß rundherum um den Motor genügend Platz vorhanden sein, um alle Teile besichtigen und reparieren zu können.

Transport der großen Maschinenteile nach und von dem Aufstellungsort.

Die Möglichkeit den Transport der großen und schweren Maschinenteile nach und von dem Aufstellungsort bewirken zu können, ist von größter Wichtigkeit und wird häufig, namentlich, wenn die Anlagen in Kellern aufgestellt werden sollen, nicht genügend erwogen. Dem Verfasser sind Fälle bekannt, in denen eben aufgeführte Mauern wieder eingerissen, Tür- und Fensteröffnungen verbreitert werden mußten, um das Schwungrad an Ort und Stelle bringen zu können.

Eine entbehrlich gewordene, aber noch gut erhaltene Motorenanlage konnte nicht verkauft werden, weil es durch inzwischen vorgenommene Änderung des Gebäudes unmöglich geworden war, Schwungrad und Maschinenrahmen aus dem Keller herauszuschaffen. Müssen beim Transport schwerer Maschinenteile Treppen benutzt werden, so sind diese auf ihre Haltbarkeit zu prüfen und event. durch Absteifen und Belegen der Stufen mit starken Bohlen widerstandsfähiger zu machen.

Brennstofftransport.

Nicht nur die Bahn- oder Wasserfracht für den Brennstoff ist bei Berechnung der Betriebskosten zu berücksichtigen, sondern auch die etwa nötige Anfuhr durch Gespanne und die Beförderung in den Lagerraum. In allen Fällen wird es zweckmäßig sein, möglichst nahe dem Generator größere Brennstoffmengen trocken lagern zu können.

Betriebswasser.

Je reiner und weicher das zur Verfügung stehende Wasser ist, um so weniger Schlamm und Kesselstein setzt es ab und um so besser eignet es sich zur Speisung der Generatoranlage und zur Kühlung des Motors. Für größere Anlagen wird sich bei hohen Wasserpreisen meistens die Anschaffung einer Wasserreinigungs- und »Rückkühlanlage« lohnen. Auch an den Abfluß des gebrauchten Wassers ist zu denken; häufig liegen in den Städten die Ausflüsse an den Apparaten und Motoren tiefer wie der Entwässerungskanal in der Straße, das Wasser muß dann erst durch Pumpen gehoben werden. Das von der Generatoranlage abfließende Wasser hat oft einen sehr unangenehmen Geruch und ist mit schäumigen Teerprodukten verunreinigt; diese sind soviel wie irgend möglich abzuschöpfen und

nicht in die Entwässerungskanäle zu entlassen, da sie hier
Verengungen und Verstopfungen herbeiführen können.
Wo keine Abflußkanäle vorhanden sind oder benutzt werden
dürfen, kann man sich mit Sickergruben helfen, die von
Zeit zu Zeit gereinigt werden müssen.

Über die Prüfung und die erforderliche Menge des
Betriebswassers ist das Nähere aus Abschnitt III zu entnehmen.

Abführung der Auspuff- und Anfeuerungsgase.

Die Abführung der Auspuff- und Anfeuerungsgase
macht in den Städten häufig Schwierigkeiten und erhebliche Kosten. Im Anschlag der Motorenanlagen sind diese
Posten meistens nicht enthalten.

Um dennoch eine zuverlässige Übersicht über die
Kosten der betriebsfertigen Anlage zu haben, ist also die
beste und billigste Führung der Rohrleitungen vorher zu
bestimmen und hiernach der Preis für die fertig montierte
Leitung von der Fabrik einzufordern.

Gemauerte Schornsteine oder Wasserabflußkanäle und
aus Zinkblech gefertigte Regenabfallrohre dürfen nicht zur
Abführung der Auspuff- und Anfeuerungsgase benutzt
werden, da sie den Drucken, die unter Umständen in den
Abführungsrohren auftreten können, nicht widerstehen.
Zink- oder verzinkte Rohre werden außerdem von den
Auspuffgasen angegriffen, auch Zinkdächer leiden, wenn
der Auspuff in ihrer Nähe mündet. Nicht benutzte Schornsteine und Ventilationsschächte können aber mit Vorteil
benutzt werden, um in ihnen die am besten aus Gußeisen
gefertigten starkwandigen Auspuff- und Anfeuerungsrohre
hochzuführen. Bei langen horizontalen Leitungen müssen
die Auspuffrohre mit s t a r k e m Gefäll nach dem Auspufftopf zu gelegt werden, da andernfalls die starke Strömung
der Gase das in den Rohren niedergeschlagene Wasser
trotzdem vor sich hertreibt und zum Schaden der Dächer
und Regenrohre nach oben auswirft, während doch die
A u s p u f f t ö p f e dazu da sind, das Niederschlagwasser anzusammeln.

Wo die Auspuff- und Anfeuerungsrohre durch Holz-
decken hindurchgeführt oder an Holzwerk entlang geleitet
werden, sind sie mit Wärmeschutzmasse zu umkleiden.
Bei Motoren über 20 PS ist zu empfehlen, auch das Verbindungsrohr des Auslaßventiles mit dem Auspufftopf
durch einen Wassermantel zu kühlen. In den Städten
ist immer auf eine gegen Geräusch und Geruch empfind-
liche Nachbarschaft zu rechnen, und von vornherein sind

Einrichtungen zu treffen, um das Auspuffgeräusch und den
Geruch der ausströmenden Gase soviel wie möglich zu
dämpfen. Die Rohre müssen daher immer höher wie das
Nachbargebäude geführt werden. Zur Dämpfung des Auspuffgeräusches ist zu empfehlen die Anordnung mehrerer
durch kurze Rohrenden verbundener Auslaßtöpfe oder die
Einschaltung von Rippenrohren in die Leitung. Durch-
lochte Scheidewände in die Auspufftöpfe einzufügen ist
nicht ratsam, sie wirken zwar schalldämpfend, doch
setzen sich die Löcher bald mit Schmierölresten zu und
schädigen dann die Leistung des Motors. Hierbei sei be-
merkt, daß lange Auspuffleitungen mit vielen Krümmungen
die Leistung ebenfalls beträchtlich vermindern.

Erschütterungen durch den Betrieb des Motors.

Wenn von einem gut konstruierten Motor auch zu
fordern ist, daß die bewegten Massen bestens ausgeglichen
sind, so wird in dieser Hinsicht doch selten Vollkommenes
erreicht. Das Mauerwerk des Maschinenfundamentes darf
also auf keinen Fall mit dem des Gebäudes in »Verband«
gemauert werden, die Mauerwerke dürfen sich auch nicht
berühren, sondern zwischen beiden hat mindestens 20 cm
Raum zu bleiben. Dort, wo die Fundamentsohle des
Motors tiefer wie die des Gebäudes liegt, hat man mit
Rücksicht auf die Standfestigkeit des letzteren einen genügend breiten Streifen gewachsenen Bodens stehen zu
lassen.

Ausführung des Motorenfundamentes.

Das Motorenfundament ist vor dem Eintreffen des
Motors herzustellen, daraus ergibt sich, daß die Fundament-
ankerlöcher im Mauerwerk genau mit dem des Motor-
rahmens übereinstimmen und genau senkrecht gemauert
werden müssen; es empfiehlt sich, hierfür eine haltbare
Holzschablone direkt nach dem Maschinenrahmen an-
fertigen und nach dieser die Ankerkanäle aufmauern zu
lassen. Der Motorenrahmen darf erst auf das Fundament
gesetzt werden, wenn der Zementmörtel vollkommen »ab-
gebunden« hat. Bevor der Rahmen mit Zementbrei
»untergossen« und dadurch in seiner Lage fixiert wird, ist
er genau horizontal zu stellen und nach der etwa vor-
handenen Transmission auszurichten. Das Festziehen der
Anker darf erst erfolgen, wenn der Zementguß vollständig
erhärtet ist, da man sonst Gefahr läuft, den Rahmen zu
»verziehen«. Das anfängliche »Warmlaufen« der Kurbel-

und Pleuelstangenlager ist meistens auf vorzeitiges An-
ziehen der Fundamentanker zurückzuführen.

Zum Schluß sei noch erwähnt, daß Schmieröl den
Zementmörtel auflöst und allmählich in einen dickflüssigen
Brei verwandelt; hierdurch wird der sichere Stand des
Motors im Laufe der Zeit gefährdet, und die meisten
Motorenfabriken bringen zur Vermeidung dieses Übel-
standes einen rund um den Rahmen laufenden sog. Öl-
rand an, in dem sich das von den Lagern ablaufende Öl
ansammeln und abgezapft werden kann.

Ist kein Ölrand vorhanden, so streut man Sägespäne
um den Rahmen, die das Öl sofort aufsaugen, selbstverständlich sind die Sägespäne öfter zu erneuern.

Die Gas- und Luftrohrleitung.

Die Gas- und Luftrohrleitungen sind so kurz wie möglich zu halten, jeder Widerstand in den Rohren durch Verengungen, scharfe Krümmungen usw. ist zu vermeiden.
In beiden Leitungen kann es zu Druckbildungen von einigen
Atmosphären kommen, dementsprechend müssen die Rohre
genügende Wandstärke haben. Die Rohre in der Nähe
des Motors sind vor dem Zusammenschrauben s o r g f ä l t i g
zu reinigen. Flanschenrohre, wie sie die Rohrgießereien
liefern, eignen sich am besten für den vorliegenden Zweck.
Die Gasleitung muß so angebracht werden, daß sie leicht
auseinandergeschraubt und innen gereinigt werden kann.
Die Betriebsluft entnimmt man einem kühlen, trockenen
und staubfreien Ort, einige Meter über dem Fußboden.
Für die Luft- und Gasleitung ist nahe dem Motor die
Einschaltung eines Sammeltopfes zu empfehlen, unmittelbar
vor dem Eintritt in das Misch- oder Einlaßventil sind
Regulierhähne oder Drosselklappen nötig, mit denen man
das Gemisch jederzeit schnell einstellen kann. Bei langen
Gasleitungen empfiehlt es sich, einen Ventilator mit kleiner
Gasometerglocke einzuschalten. Man kann eine Anlage,
welche bis dahin als reine Sauggasanlage arbeitete, durch
einen solchen Ventilator wesentlich verstärken.

Grundsätze für die Einrichtung und den Betrieb von Sauggas-Kraftanlagen, welche vom Ministerium für Handel und Gewerbe in Preußen erlassen sind.

1. Die Vorrichtungen zur Darstellung und Reinigung
des Sauggases und die Motoren sind in mindestens
3,5 m, bei Maschinen über 50 PS in mindestens

4 m hohen hellen Räumen aufzustellen, welche
reichlich und in solcher Art gelüftet sind, daß
eine Ansammlung von Gasen darin ausgeschlossen
ist. Diese Räume dürfen zu keinen andern Zwecken
benutzt werden. Es ist zulässig, die gesamte Kraftanlage in einem einzigen Raum unterzubringen.

2. In Kellerräumen ist die Aufstellung nur dann
zulässig, wenn die Kellersohle nicht tiefer als 2 m
unter der benachbarten Bodenoberfläche liegt.

3. Ein unmittelbarer Zusammenhang dieser Betriebsräume mit Wohnräumen ist nicht zulässig. Auch
ist das Eindringen von heißer Luft oder Dünsten
aus der Kraftanlage in darüber- oder daneben-
liegende Wohn- oder Arbeitsräume zu verhüten.

4. Die Betriebsräume der Kraftanlage müssen so groß
bemessen sein, daß die einzelnen Apparate, Motoren und sonstigen Betriebseinrichtungen von allen
Seiten bequem und sicher erreicht und bedient
werden können. Insbesondere sind die Rohrleitungen so zu verlegen, daß durch sie der Ver-
kehr und die Zugänglichkeit der Apparate und
Maschinen nicht beeinträchtigt wird.

5. Die Beschickung der Gaserzeuger (Vergaser oder
Generatoren) muß bequem und ohne Unfallgefahr
(von besonderen Bühnen oder festen Treppen oder
Leitern) geschehen können. Es ist dafür zu sorgen,
daß durch die Füllöffnung Verbrennungsprodukte
in den Betriebsraum nicht entweichen können.

6. Die während der Anheizperiode oder während des
Stillstandes der Gasmaschine entstehenden Verbrennungsprodukte des Gaserzeugers sind durch
ein genügend weites und dichtes Rohr bis über
die Dachfirste der benachbarten Gebäude hinaus-
zuführen. Getrennt von diesen sind die Auspuffgase der Gasmaschine durch ein besonderes eisernes
Rohr ebenso hoch und in solcher Weise abzuführen, daß die Nachbarschaft durch Geräusch
nicht belästigt wird.

7. Es sind Einrichtungen zu treffen, welche während
der Anheizperiode und während des Stillstandes
der Maschine den Eintritt von Gasen aus dem
Gaserzeuger in die Kühl- und Reinigungsapparate
(Wäscher, Reiniger u. dgl.) verhindern.

8. Ebenso sind Vorkehrungen zu schaffen, welche
bei Fehlzündungen oder bei anderen Störungen
den Rücktritt von Explosionsgasen aus der Gas-

maschine in die Gaszuleitung sowie Explosionen
in der Auspuffrohrleitung unmöglich machen.

9. Ferner sind Vorkehrungen zu treffen, welche die
Belästigungen während des Reinigens (Aschen-
ziehens, Ausschlackens) der Gaserzeugerfeuerung
auf ein Mindestmaß herabdrücken. Gebotenenfalls
sind die heißen Dämpfe und Gase an den Räu-
mungsöffnungen abzufangen und fortzuleiten.

10. Die Gaswasch- und Reinigungsapparate sind mit
Vorkehrungen auszustatten, welche den jeweiligen
Druck erkennen lassen.

11. Die bei der Reinigung des Gases fallenden Ab-
wässer sind so zu behandeln, daß sie geruchlos
und völlig neutral abfließen. Ebenso sind die
Rückstände so zu beseitigen, daß Belästigungen
der Nachbarschaft vermieden werden.

12. Die Entlüftungsvorrichtungen dürfen weder das
Bedienungspersonal durch lästigen Zug, noch die
Nachbarschaft durch Geräusch oder auf andere
Weise behelligen.

13. Die Gaserzeuger sind, wenn sie durch strahlende
Hitze belästigen würden, in geeigneter Weise zu
verkleiden. Auch sind die Auspuffrohrleitungen,
soweit sie innerhalb der Betriebsräume liegen, zu
kühlen oder wirksam zu isolieren.

Siebenter Abschnitt.

Wartung der Sauggasanlagen.

Die gute Instandhaltung einer Sauggasanlage hängt in viel höherem Maß von dem praktischen Gefühl des Wärters ab, wie dies bei einer Dampfmaschinenanlage der Fall ist. Für den Motorenwärter fehlt es an einem Meßapparate, der dem Manometer entspricht, an dem sich der Dampfmaschinenwärter durch einen Blick über die Betriebsverhältnisse orientiert. Über das Vorhandensein des richtigen Arbeitsdruckes, des rechten Mischungsverhältnisses und guter Qualität des Gases fehlt es dem Motorenwärter an direkten Erkennungsmerkmalen. Endlich fehlt die Sichtbarkeit des treibenden Mediums. Bei der Dampfmaschine ist der Ursprung einer Undichtigkeit sofort durch den weiß gefärbten Dampf zu erkennen, beim Verbrennungsmotor haben wir es mit unsichtbaren Gasen zu tun, Luft, Gas und Verbrennungsprodukte besitzen keine Färbung. Der Wärter hört es zwar zischen, aber damit kennt er noch nicht den Ursprung der Undichtigkeit, denn es ist außerordentlich schwer, aus einem Geräusch Schlüsse auf den Ort der Entstehung zu ziehen. Ferner kommt hinzu, daß die »Ladungsverluste« bei Verbrennungsmotoren viel mehr bedeuten wie Dampfverluste bei den Dampfmaschinen, denn bei letzteren sorgt das Kraftmagazin — der Dampfkessel — für sofortigen Nachschub, während beim Motor kein Ersatz vorhanden ist, wenn Ladung verloren geht.

In dem Indikator haben wir zwar ein Instrument, welches uns über den gesamten Arbeitsvorgang im Verbrennungsmotor volle Klarheit gibt, leider ist dieser Apparat

aber viel zu empfindlich, umständlich und teuer, um ihn
dem Durchschnittswärter anvertrauen zu können. Nur bei
größeren Anlagen, deren Kontrolle einem Fachmann unter-
steht, kann der Indikator mit Erfolg benutzt werden.

Hiernach sollte man meinen, daß die Wartung eines
Verbrennungsmotors schwieriger wie die einer Dampfmaschine sei. In Wirklichkeit ist das aber nicht der Fall,
denn bei Konstruktion der Verbrennungsmotoren ist von
vornherein viel mehr Rücksicht auf die Selbständigkeit
des Betriebes genommen, wie es bei einer Dampfmaschinenanlage überhaupt möglich ist. Die eigentliche Wartung der
Sauggasanlage beschränkt sich auf rechtzeitige Erneuerung
des Brennstoffs und Schmieröles und auf Ingangsetzung
und Anhalten. Erfahrung und Geschick fordern nur die
Instandhaltungsarbeiten und die Beseitigung von
Betriebstörungen, die sich als Folge unaufmerksamer
Wartung einstellen. In größeren Städten, wo sich der
Verbrennungsmotor im Kleingewerbe vollständig einge-
bürgert hat, mangelt es heute aber auch nicht mehr an
selbständigen Handwerkern, die mit der Reinigung und
Reparatur der Motoren genau Bescheid wissen, und hat
sich die Praxis herausgebildet, die Instandhaltung der
Anlagen von solchen Spezialisten besorgen zu lassen. Die
tägliche Wartung kann dann getrost jedem verständigen
»Arbeitsmann« übergeben werden.

Vorschriften für die Wartung der Sauggasanlagen.

Jede wertvolle Erfindung hat eine Entwicklungszeit
durchzumachen; erst nach und nach zeigt sich, welche
Ausführungsart, welche Materialien und welche Betriebs-
vorschriften für den praktischen Gebrauch die geeignetsten
sind. Diese Entwicklungszeit ist noch keiner neuen
Maschine erspart worden und wird um so länger dauern,
je weniger technische Kenntnisse in den Kreisen verbreitet
sind, welche die Maschine benutzen sollen. Erst wenn
sich bewährte Normalien für die Konstruktionen herausgebildet haben, können auch einheitliche Bedienungsvorschriften gegeben werden.

Man kann nicht sagen, daß die Sauggasanlagen diese
Entwicklungszeit schon ganz hinter sich hätten; was also
hier an dieser Stelle über Bedienungsvorschriften gesagt
ist, hat nur allgemeine Gültigkeit, in den Einzelheiten hat
sich der Wärter an die vom Fabrikanten mitgegebenen
Vorschriften zu halten.

Es sollen hier aber auch einige dieser speziellen Be-
dienungsvorschriften zum Abdruck gelangen, damit der
Wärter Gelegenheit hat, Vergleiche anzustellen und seine
Kenntnisse zu bereichern.

Allgemeine Vorschriften für die erste Inbetriebsetzung nach der Aufstellung oder Reinigung von Sauggasanlagen, welche mit Anthrazit oder Koks betrieben werden.

1. Prüfung der gesamten Gasanlagen auf Dichtigkeit
   mit Hilfe des Ventilators.
2. Vorbereitung des Motors zum Anlassen.
3. Füllen des Verdampfers, der Wasserabschlüsse und
   des Aschenfallbodens mit Wasser.
4. Verbindung des Gasrohres mit dem Schornstein
   und Abschluß nach dem Motor mittels des Zug-
   wechselventils.
5. Öffnen der Feuer- und Aschenfalltür, Anlegen des
   Feuers, Bildung einer genügend hohen durchge-
   brannten Brennstoffschicht. Schließen der Feuer-
   und Aschentür, Inbetriebsetzung des Ventilators.
6. Allmähliches Auffüllen von Brennstoff durch die
   »Schleuse« bis zum oberen Rand des Schütttrichters.
7. Anstellen des Skrubber- und Verdampferwassers,
   sowie aller anderen Wasserzuflüsse.
8. Allmähliches Umstellen des Gasstromes vom Schornstein nach dem Motor hin. Entzünden der Probeflamme.
9. Wenn Probeflamme stetig mit blauroter Flamme
   brennt, Schornstein dicht zu, Gasrohr nach dem
   Motor ganz auf.
10. Sofortige Ingangsetzung des Motors. Ventilator-
    betrieb einstellen, sobald die Zündungen regel-
    mäßig folgen.

Allgemeine Vorschriften für die Wartung während des Betriebes.

1. Rechtzeitiges Nachfüllen des Brennstoffes. Die
   Glut darf von oben durch das Schauloch nie
   sichtbar werden.
2. Kontrolle der Wasserzuflüsse. Skrubbber muß im
   oberen Drittel kalt bleiben. Verdampferüberlauf
   muß langsam tropfen. Im Aschenfall und allen
   Wasserverschlüssen muß genügend Wasser stehen.

Allgemeine Vorschriften für das Abstellen der Gasanlage in den Betriebspausen am Tage und während der Nacht.

1. Schließen des Gashahnes am Motor und unmittelbar hinterher Gasabzug nach dem Schornstein auf und nach dem Motor zu.
2. Abschluß der Wasserzuflüsse bis auf das Verdampferwasser, dies entsprechend geringer einstellen.
3. Feuer- und Aschentür auf, Schlacken abstoßen, Rost reinigen und Asche ziehen.
4. Feuer- und Aschentür schließen, Luftzufuhr nur so weit öffnen, daß das Feuer eben weiterbrennt. Auffüllen des Brennstoffes bis oben hin.
5. Reinigen der Wasserverschlüsse von Schaum auf der Oberfläche und Schlamm am Boden. Abpumpen des Niederschlagwassers.
6. Je nach Bedarf wird der Generator und das Gasrohr von Zeit zu Zeit ganz entleert und gereinigt. Ebenso muß auch die Skrubberfüllung und die der Reiniger in größeren Zeitabschnitten erneuert werden. Bei allen Reinigungsarbeiten ist das Innere der Behälter erst gründlich zu durchlüften. Um Unglücksfälle durch Gasvergiftung zu verhüten sind, diese Arbeiten immer in Gegenwart einer nicht mitarbeitenden Person auszuführen.
7. Bei Frostwetter, oder wenn solches auch nur zu erwarten ist, sind alle Apparate vom Wasser zu entleeren.

Allgemeine Vorschriften für das Anlassen nach normalen Betriebspausen.

1. Rost abschlacken und Asche ziehen.
2. Brennstoff auffüllen.
3. Motor fertig zum Anlassen machen.
4. Aschentür zu, Ventilator anstellen und Generator in Glut blasen.
5. Öffnen bzw. Einstellen der Wasserzuflüsse.
6. Umschalten des Wechselventils nach dem Motor. Probeflamme öffnen. Blasen, bis das Gas gut brennt.
7. Anlassen des Motors.
8. Abstellen des Ventilators.

Spezielle Bedienungsvorschriften für Körtings Saug-gasanlagen mit Brikettfeuerung.

Generator.

Um den Generator in Betrieb zu setzen, gebe man in den unter dem Rost befindlichen Teil so viel Wasser, bis dasselbe am Überlauftrichter überfließt; man öffne den Schieber zum Schornstein und entzünde auf dem Rost ein Holzfeuer. Ist das Feuer gut durchgebrannt, so gebe man einige Briketts auf. Die unteren vorderen Feuertüren sind beim Anheizen offenzu-halten. Sind die Briketts gut durchgebrannt, so fülle man von oben her in Zwischenräumen so lange Briketts nach, bis der Generator bis zur Höhe des Gasabzuges gefüllt ist. Es ist dar-auf zu achten, daß die jeweilig aufgeschütteten Briketts immer erst gut durchgebrannt sein müssen, bevor neue aufgeschüttet werden. Ist das Feuer bis über den Gasabzug durchgebrannt, so öffne man die Reinigungsluke, welche sich dicht am Gene-rator in der Gasleitung befindet, damit von hier aus Luft ein-treten kann. Hat man durch periodisches Nachfüllen das Feuer bis über die o b e r e vordere Tür gebracht, so wird auch diese etwas geöffnet. Ab und zu ist die Asche unter dem Rost zu entfernen und aus dem unter dem Rost befindlichen Aschenfall herauszuziehen.

Ist der Generator bis über die obere Tür gut durchgebrannt, so schließe man die Luke in der Gasleitung sorgfältig wieder und mache sämtliche Türen am Generator fest zu. In den u n t e r e n vorderen Türen sind die Rosetten etwas zu öffnen. Man fülle den Füllkasten mit Briketts und lasse den Deckel des Füllkastens offen. Hierauf stellt man das Wasser für die Berieselung der Skrubber an; öffnet die Schieber in der Gas-leitung, schließt die Entlüftungsleitungen am Skrubber und Säge-spänreiniger und beginnt dann mittels Ventilators das Gas durch die Apparate vor dem Motor a b z u s a u g e n. Das Ab-saugen geschieht so lange, bis das Gas an dem über dem Ex-haustor angebrachten Probierhahn mit langer, blauer, rötlich tingierter Flamme gut brennt. Brennt das Gas gut, so schließt man die Absaugeleitung am Motor und stellt den Ventilator ab. Gleichzeitig öffnet man den Gashahn zur Maschine, stellt den Luftschieber am Mischventil auf eine ausprobierte Marke ein und setzt die Maschine in Betrieb.

Ist die Maschine im Betriebe, so schließt man das Ventil am Schornstein. Die Luft an der unteren Tür wird so ein-reguliert, daß über dem Rost eine helle Rotglut herrscht. Über dem Rost darf niemals Weißglut herrschen, da sonst die Schlackenbildung eintritt.

Es ist darauf zu achten, daß sich immer Bricketts in dem Füllkasten befinden und ist ab und zu vorsichtig mit einer Eisenstange von oben durch den Füllkasten zu stoßen, um da-durch ein Aufhängen des Materials, welches bei Verwendung großer Briketts leicht vorkommt, zu verhindern.

In längeren Zwischenräumen öffnet man die unten befindlichen Feuertüren und schürt das Feuer über dem Rost, um
die Asche zu entfernen. Diese Arbeit muß immer schnell vor
sich gehen, da bei längerem Offenstehen der Türen die Vergasung ungünstig beeinflußt wird.

Soll der Generator außer Betrieb gesetzt werden, so ist
nach Abstellen der Maschine der Schieber in der Gasleitung zu
schließen und der Schornstein etwas zu öffnen. Außerdem sind
sämtliche Türen und Luken dicht zu schließen.

Vor der Wieder-Inbetriebsetzung ist dann zunächst der
Schornstein ganz zu öffnen und frisches Brennmaterial aufzu-
geben. Hierauf wird aus dem Generator die Asche gut entfernt.

Die vorderen Türen am Generator werden so lange geöffnet,
bis an allen Türen helle Glut ist. Dann werden die Türen
wieder geschlossen und die Maschine in Betrieb gesetzt.

Die Dichtungsflächen der Feuer- und Reinigungstüren,
Reinigungsluken etc. sind stets sauber und dicht zu halten.
Ebenso müssen die Probier- und Entlüftungshähne, sämtliche
Apparate und Leitungen gut dicht gehalten werden, damit ein
Eindringen von Luft während des Betriebes verhindert wird.

Es ist streng darauf zu achten, daß die in den Verschraubungen vor den Probierhähnen liegende Drahtgaze, welche
ein Zurückschlagen der Flamme (Explosion) verhüten soll, sich
stets in gutem reinen Zustand befindet. Schadhafte Gaze muß
sofort erneuert werden.

Es ist darauf zu achten, daß die Ausmauerung bei dem
Entfernen der Asche nicht beschädigt wird.

Unter dem Rost soll stets Wasser stehen.

Skrubber.

Etwa jede Woche ist die unten am Skrubber befindliche
Reinigungsluke zu öffnen und der angesammelte Schlamm zu
entfernen. Es ist streng darauf zu achten, daß das Ventil
zwischen Skrubber und Generator vorher geschlossen wird, ehe
die Reinigungsluke geöffnet wird. Die Berieselung der Skrubber
ist so einzustellen, daß der Skrubber an seinem unteren Teile
sich etwas anwärmt. Falls der Skrubber an seinem Umfang
nicht gleichmäßig kalt ist, so ist der Wasserverteilungsapparat
am Skrubberdeckel zu untersuchen.

Der zur Füllung meistens verwendete Hüttenkoks muß etwa
Faustgröße haben und muß nach längerer Betriebszeit (etwa
nach 4 Monaten) erneuert werden.

Der Skrubber darf nur so hoch mit Koks gefüllt werden,
daß die oberste Schicht noch 50 cm unter den Tellern der
Streukörper liegt.

Etwa jede Woche ist der mit dem Skrubber verbundene
Überlaufkopf (Siphon) am Boden vom Schlamm zu reinigen.

Das Öffnen der Verschlußdeckel am Skrubber
und Hordenreiniger soll erst dann geschehen,
wenn die Ventile nach dem Generator hin geschlossen sind und nachdem mit dem Ventilator

alles Gas aus den Apparaten vertrieben wurde.
Die Entlüftungshähne sind vorher zu öffnen.

Mit offenem Licht darf in die Reinigungsapparate nicht
hineingeleuchtet werden, daher ist die Reinigung der Gas-
apparate tagsüber vorzunehmen, auch soll diese Arbeit nicht
von einer Person allein vorgenommen werden.

Hordenreiniger.

Die im Reiniger befindlichen Horden werden zu unterst
mit einer Schicht von ca. 4 cm Holzwolle oder groben Hobel-
spänen beschickt. Darüber bringt man zwei Schichten von je
etwa 3 cm Höhe und zwar erst Maschinenhobelspäne und dann
grobe Sägespäne (Tannenholz). Es ist zu empfehlen, auf die
oberste Horde zuerst ganz grobe Sackleinen aufzulegen, damit
kein Sägemehl mit in die Maschine gesogen wird. Das Sackleinen ist durch Auflegen von Steinen überall gut fest anzulegen. Etwa alle drei Wochen, je nach der Beschaffenheit des
Brennmaterials, ist die Füllung des Reinigers zu erneuern.

Beim Aufdichten des Deckels achte man darauf, daß sämtliche Druckschrauben gleichmäßig fest angezogen werden und
daß die Teerstricke (Dichtungsring) genügend stark und noch
elastisch sind, um eine vollkommene Abdichtung zu bewirken.
Ist der Reiniger oder Skrubber geschlossen, so sauge man
mittels des Ventilators so lange Gas hindurch, bis alle Luft aus
dem Apparate entfernt ist. Vor dem Durchsaugen mittels
Ventilators ist darauf zu achten, daß sämtliche Entlüftungshähne geschlossen sind.

Wassertöpfe.

Das Wasser aus den Wassertöpfen und Gaskesseln ist nach
Bedarf eventuell jeden Tag mit der zu diesem Zweck beige-
gebenen Handpumpe zu entfernen, sofern nicht ein selbsttätiger
Ablaufsiphon angebracht ist.

Allgemeines.

Ist während des Stillstandes der Anlage Frostwetter zu
erwarten, so muß aus allen Apparaten das Wasser abgelassen
werden.

Betriebsvorschriften
zu den Doppelgeneratoren für Brennstoffe von hohem
Heizwert, gebaut von der Gasmotorenfabrik Deutz.

I. Inbetriebsetzung des in Glut befindlichen Generators.

Um die Anlage nach kürzerem Stillstand (nachts) wieder
in Betrieb zu setzen, muß der Generator heiß, d. h. Gas geblasen
werden, da nur im heißen Generator gutes Gas erzeugt werden
kann. Zu diesem Zweck sind folgende Handgriffe nötig:

Vorbereitung des Motors zum Ingangsetzen.

Man bereitet den Motor nach der Anleitung zur Bedienung des Motors zum Ingangsetzen vor, öffnet den Entlüftungshahn am Motor und läßt etwa in der Entlüftungsleitung angesammeltes Wasser ab.

Abschlacken und Ascheausziehen.

Hierauf stößt man den Generator von oben, vor allem aber durch die Stochlöcher *a* oberhalb des Gasabzuges an der Ausmauerung entlang durch, welches den Zweck haben soll, etwa an der Ausmauerung angesetzte Schlacke zu entfernen, schlackt ihn dann ab (s. Abs. IV) und schließt danach die Feuertüren wieder; dann zieht man die unter dem Rost befindliche Asche heraus und schließt die Aschentür. Die Stochlöcher oberhalb des Gasabzuges dürfen nur bei Stillstand der Maschine und bei Stand der Wechselhähne auf »Stillstand«, jedoch frühestens 10 Minuten nach Stillsetzen der Maschine, geöffnet werden.

Generatoraüffüllen.

Danach wird der Generator bis obenhin wieder aufgefüllt.

Heißblasen.

Jetzt erst erfolgt das eigentliche Heißblasen. Zu diesem Zweck öffnet man den Niederschraubhahn der Wasserleitung zum Skrubber, setzt den Exhaustor in Betrieb, schaltet dann die Wechselhähne auf »Anblasen« um, schließt oben am Generator den Kaminschieber, öffnet den Luftschieber und bläst mit dem Exhaustor so lange, bis das Gas am Probierhahn hinter dem Exhaustor gut brennt. Dann schaltet man die Wechselhähne auf »Durchblasen« um und bläst mit dem Exhaustor so lange durch die Zuleitung zur Maschine, bis das Gas auch an dem Probierhahn an der Maschine gut brennt. Dann ist die Anlage betriebsbereit. Das Gas darf zum Probieren seiner Brennbarkeit nur an den Sicherheitshähnen entzündet werden.

Ansetzen der Maschine.

Nun wird die Maschine angesetzt und nach der ersten Zündung der Entlüftungshahn geschlossen. Ist dann die Maschine gut im Gang, so schaltet man die Wechselhähne auf »Betrieb« um und setzt den Exhaustor still.

II. Verhalten während des Betriebes.

Regulierung des Wasserzulaufs zum Verdampfer und Skrubber.

Ist die Anlage im Betrieb, so ist der Wasserzulauf zum Verdampfer so zu regulieren, daß der Überlauf tropft, und weiterhin ist darauf zu achten, daß er in diesem Zustand bleibt, solange Feuer im Generator ist. Außerdem ist zu kontrollieren,

ob noch immer genügend Wasser zum Skrubber läuft; derselbe
darf im untern Drittel seiner Höhe handwarm und muß oben
kühl sein. Der Wasserzulauf zum Verdampfer und Skrubber
wird mittels des Durchgangshahnes ein für allemal eingestellt,
so daß späterhin die Wasserleitung nur mittels des Nieder-
schraubhahnes geöffnet oder geschlossen wird.

Beobachtung der Gasdruckmesser.

Es ist nötig, von Zeit zu Zeit die Gasdruckmesser zu
beobachten, damit man sieht, ob alles in Ordnung ist. Bei
normalem Betrieb und vollbelastetem Generator sind die
Widerstände:

    a) im Generator . . . . . . 50—100 mm,
    b) im Staubabscheider . . . . 40—70 ›
    c) im Skrubber . . . . 10—40 ›
    d) im Kondensator . . . . . ca. 40 ›

so daß insgesamt am Motor 140—250 mm Widerstand sein darf.
Bei langer Rohrleitung zwischen Generatoranlage und Motor
ist die Saugspannung etwas größer. Bei wesentlich höheren
oder niedrigeren Widerständen ist die Anlage nicht in Ordnung
und sind deshalb die Apparate mit abnormalem Widerstand zu
untersuchen.

Regulierung der Luftzufuhr unter dem Generatorrost.

Die Luftzufuhr unter den Rost wird so einreguliert, daß
auf dem Rost nur so viel Material verbrennt, daß die obere
Brennschicht auf gleicher Höhe bleibt. Steigt dieselbe, so ist
mehr Luft, fällt sie, dann ist weniger Luft zu geben.

III. Nachfüllen des Generators.

Die nach und nach verbrennende Kohle muß von Zeit zu
Zeit nachgefüllt werden, und zwar geschieht dies jedesmal, wenn
oben das Feuer hindurchzukommen beginnt. Man fülle das
Brennmaterial in kurzen Zeiträumen in dünner Schicht auf.
Es ist streng darauf zu achten, daß die obere Brennzone nicht
tiefer als ca. 400 mm unter Oberkante Generator sinkt.

IV. Abschlacken des Generators.

Um den Generator in gutem Betrieb halten zu können,
muß derselbe in gewissen Zeitabständen abgeschlackt werden.
Für gewöhnlich genügt es, wenn dies morgens vor der Inbetriebsetzung geschieht. Das Abschlacken geschieht wie folgt;
Man stößt den Generator von oben, vor allem aber durch
die Stochlöcher oberhalb des Gasabzuges an der Ausmauerung
entlang durch, damit etwa an der Ausmauerung angesetzte
Schlacke entfernt wird, dann öffnet man eine Feuertür, stößt
die Schlacken von Rost und Mauerwerk los, holt dieselben
mittels des Schlackenholers heraus und schließt die Feuertür

wieder. Dasselbe geschieht an den andern Türen. Dann öffnet
man die Aschentür, reinigt die Rostspalten von unten mittels
des Schürhakens, zieht die Asche heraus und schließt die
Aschentür wieder. Dann füllt man den Generator wieder
ganz auf.

Muß das Abschlacken während des Betriebes vorgenommen
werden, so hat dies rasch zu geschehen. Es ist dabei eine
der gegenüberliegenden Feuertüren und der Generatordeckel zu
öffnen. Es ist zur Schonung der Ausmauerung mit möglichster
Vorsicht beim Abschlacken zu verfahren, damit nicht Löcher
in die Ausmauerung gestoßen werden.

V. Stillsetzen der Anlage.

Um die Anlage stillzusetzen, wird erst der Motor laut
Anleitung abgestellt. Dann schaltet man die Dreiweghähne auf
›Stillstand‹, schließt die Luftzuführung oben und unten am
Generator, öffnet den Kaminschieber wenig und verringert (am
Niederschraubhahn) den Wasserzufluß zum Verdampfer. Hierauf
reinigt man den Staubsack sowie den Überlaufkasten am Skrubber
von Schlamm und stellt das Skrubberwasser ab, nachdem der
Kasten wieder vollgelaufen ist.

VI. Inbetriebsetzung der Anlage nach Montage oder nach vollständiger Reinigung.

Bei Montage oder nach vollständiger Reinigung der Anlage ist darauf zu sehen, daß sämtliche Schrauben-, Flanschen-
und Muffenverbindungen mit peinlichster Sorgfalt ge-
dichtet werden. Ist dies geschehen, so kann Feuer im Generator
gemacht und Gas geblasen werden, also die Anlage zum Betrieb
vorbereitet werden.

Vorbereitung des Motors zur Inbetriebsetzung.

Dieselbe hat nach der Anleitung zur Bedienung des Motors
beim Ingangsetzen zu geschehen. Hierauf öffnet man den Entlüftungshahn am Motor und läßt etwaiges Wasser aus der Entlüftungsleitung ab.

Vorbereitung des Generators zum Anheizen.

Man füllt den Verdampfer, bis der Überlauf tropft (der
Überlauf muß tropfen, so lange der Generator in Glut ist), legt
eine genügende Menge Späne und Holz auf den Rost, füllt
dann den Generator bis auf ca. 300—500 mm vom oberen Rand
mit Koks und legt auch hier eine genügende Menge Späne
und Holz darauf.

Anheizen des Generators.

Dann setzt man den Exhaustor in Betrieb, schaltet die
Wechselhähne auf ›Anblasen‹ um, zündet den Generator oben
und unten an und bläst ihn in Glut. Es ist zweckmäßig, die
Hähne zu Anfang nicht voll zu öffnen.

Heißblasen des Generators.

Ist dann der Koks oben auf der ganzen Fläche gut durchgebrannt, so schließt man die Aschentür, füllt oben voll Brennmaterial auf, öffnet den Luftschieber, schließt den Generatordeckel und den Kamin und bläst, bis sich gutes Gas zeigt.
Hierauf kann man die Anlage in normaler Weise in Betrieb
nehmen.

Beim Durchblasen achte man darauf, ob sämtliche Schrauben-,
Flanschen- und Muffenverbindungen vor und hinter dem Exhaustor dicht sind. Die Flansch- etc. Verbindungen hinter dem
Exhaustor bestreiche man mit dickem Seifenwasser; Undichtigkeiten zeigen sich hierbei durch Blasenbildung.

Wartung des Motors.

Erste Ingangsetzung nach Aufstellung.

In viel höherem Grade wie beim Leuchtgasmotor
macht sich bei den mit Generatorgas gespeisten Motoren
bemerkbar, daß die erste Ingangsetzung oft mit Anständen
verknüpft ist. Häufig erreicht der Motor nicht dieselbe
Kraft wie in der Fabrik, oder er hat einen »harten Gang«,
oder es machen sich starke Stöße bemerkbar, oder es knallt
beim Ansaugen usw. Die Ursachen solcher Störungen sind
fast immer in der unbekannten Zusammensetzung des Gases
zu suchen, die ja in hohem Grade von der Qualität des
Brennstoffes abhängt. Auch die Verschiedenheiten in den
Gas-, Luft- und Auspuffleitungen, die Jahreszeit und
andere Zufälligkeiten spielen häufig eine Rolle. Es gehört
dann viel Erfahrung und Findigkeit dazu, in solchen Fällen
schnell die rechten Mittel zu treffen, um dem Eigentümer
die neue Maschine dennoch in tadelloser Verfassung vor-
zuführen. Alte erfahrene Monteure lassen daher über die
von ihnen in Aussicht genommene Zeit für die erste Ingangsetzung nichts verlauten, sondern nehmen sie in den
frühesten Morgenstunden vor, wenn mit Sicherheit darauf
zu rechnen ist, ungestört zu bleiben und mit Ruhe die
nötigen Versuche und Änderungen vornehmen zu können.

Vor allen Dingen ist bei der ersten Ingangsetzung die
Stellung der Gas- und Lufthähne, Schieber oder Drosselklappen zu ermitteln, bei denen der Motor sicher angeht.
Ist diese Stellung durch wiederholte Versuche sicher gefunden, so ist sie auch für die normale Umdrehungs-
geschwindigkeit bei voller Belastung zu suchen. Wie
schon erwähnt, werden die Querschnitte für Gas- und
Luftleitungen bei Sauggasanlagen meistens gleich groß

gemacht, und es erscheint somit gleichgültig, ob man die
genaue Einstellung des »Gemisches« durch Änderung der
Luft- oder Gasleitung vornimmt. Berücksichtigt man aber,
daß durch Verkleinerung der Gasöffnung auch die Saugwirkung in der Gasanlage geändert wird, so wird verständlich, daß es praktisch richtiger ist, »mit der Luft
einzuregulieren«, während die Gasöffnung immer ganz geöffnet bleibt. Es wird ferner einleuchten, daß die Gemischeinstellung für den Vollgang nur dann genau gefunden werden kann, wenn der Motor für längere Zeit
mit voller Kraft arbeitet. Leider ist das nun bei einer
neuen Anlage schwer zu erreichen. Meistens ist ja der
Motor mit Rücksicht auf spätere Vergrößerung von vornherein größer gewählt, oder die anzutreibenden Arbeitsmaschinen sind noch nicht in voller Anzahl vorhanden usw.
Jede gut geleitete Motorenfabrik wird ihren Monteur
also außer mit einem Indikator auch noch mit einer Kraftbremse ausrüsten, damit er die Belastung des Motors unabhängig von allen Transmissionen und Arbeitsmaschinen,
deren Kraftbedarf oft ganz unbekannt ist, für sich allein
vornehmen kann. Ist dann mit Sicherheit ermittelt, daß
der Motor die verlangte Kraft hat und sind Stöße oder
»harter Gang« durch richtige Einstellung des Wasserzu-
flusses beseitigt, so kann der Motor zur Abnahme vor-
geführt werden.

Da der Wärter später bei Verwendung neuer Brenn-
stoffsorten in die Lage kommen kann, die Gemischeinstellung erheblich ändern zu müssen, ohne eine Kraftbremse für volle Belastung zur Hand zu haben, so möge
hier eines Mittels gedacht werden, mit dem dies wenigstens
für kurze Zeit erreicht werden kann und die Gemischeinstellung sich mit genügender Genauigkeit berichtigen läßt.

Noch in Gegenwart des Monteurs ist nämlich durch
mehrfach wiederholte Versuche die Anzahl der Zündungen
festzustellen, welche bei normal brennendem Generator
dazu nötig sind, um den Gang des Motors von fast er-
reichtem Stillstand bis zum ersten Anheben des Regulators
zu beschleunigen. Soll nun später das Gemisch kontrolliert
bzw. berichtigt werden, so stellt man das Gas ab und läßt
das Schwungrad fast zur Ruhe kommen, dann wird das
Gas wieder geöffnet und nun die Zündungen gezählt,
welche erfolgen, bis der Regulator sich zu heben beginnt.
Da alle diese Ladungen mit Sicherheit dem »Vollgang«
entsprechen, so zeigt eine Änderung in der Anzahl der
Zündungen für diese Beschleunigungsarbeit sofort an, ob
man mit schlechterem oder besserem Gas arbeitet und wie

6*

die Gemischeinstellung zu ändern ist. Der Wärter gewinnt
sehr schnell die nötige Geschicklichkeit für diesen Versuch und kann den Zeitpunkt genau abpassen, bei dem
der Gashahn wieder zu öffnen ist. Man kann den Versuch auch gleich mehrere Male hintereinander wiederholen,
so daß man ein Durchschnittsresultat gewinnt, etwaige Un-
achtsamkeiten gleichen sich dann aus.

Ingangsetzung des Motors bei regelmäßigem Betriebe.

Es empfiehlt sich die nötigen Handgriffe für die Inbetriebsetzung des Motors immer in derselben Reihenfolge
vorzunehmen. Der Wärter kommt dann durch Übung
bald dahin, die Handgriffe ganz mechanisch auszuführen
und nichts zu versäumen. Nachstehende Vorschrift kann
dabei als Anhalt dienen.

1. Schmieren und Kontrolle der Öltropfapparate.[1]
2. Netzen der Auslaßventilspindel und des Kontakt-
   hebels der elektrischen Zündung mit Petroleum
   und prüfen ihrer Beweglichkeit.
3. Einrücken der Einrichtung für die Kompressions-
   verminderung und Zurücklegen der Zündung auf
   den Totpunkt. Prüfen der Zündung auf »Strom«.
4. Einklinken des Schwungrades auf die Anlaßstellung, d. h. etwas über den innern Totpunkt
   hinaus, bei dem die Zündung erfolgt.
5. Öffnen der Absperrorgane für Gas und Luft bis
   auf »Anlaßstellung«.
6. Ingangsetzen des Motors.
7. Sobald die Zündungen regelmäßig folgen, Einrücken der Kompression, Zündzeitpunkt verlegen.
   Gas- und Luftöffnungen auf Betriebsstellung.
8. Öffnen und Einstellen der Kühlwasserzuflüsse.

Wartung während des Betriebes.

1. Nachregulieren des Gemisches.
2. Prüfung der Kühlwassertemperatur.
3. Beobachten der Schmierapparate.
4. Im Winter Ablassen des Niederschlagwassers aus
   dem Auslaßtopf.

---

[1] Während der kalten Jahreszeit kann das Schmieröl so
dickflüssig werden, daß es sehr langsam aus der Kanne fließt,
und auch die Tropfapparate, so lange der Motor noch kalt ist,
zu wenig ölen. Es empfiehlt sich daher, die Ölkannen etwa
durch Aufsetzen auf den Generator rechtzeitig vorzuwärmen
und so alle Ölbehälter mit warmen dünnflüssigem Öl zu füllen.

Außerbetriebsetzen des Motors.

1. Gasabsperrorgan schließen, Zugwechsel der Gasanlage umstellen.
2. Abstellen der Schmierapparate.
3. Öffnen des Ölablaßhahnes am Zylinder, falls ein solcher vorhanden, wenn das Schwungrad die letzten Umdrehungen vor dem Stillstand macht.
4. Einstellen des Arbeitskolbens auf Abschluß des Zylinders, so daß die Steuerung eben das Auslaßventil öffnet.
5. Abstellen des Kühlwassers nach vollständiger Abkühlung des Motors. (Hierdurch wird die Bildung von Kesselsteinen in den Kühlmänteln verhindert, der hauptsächlich dann entsteht, wenn das in den Räumen stehende Wasser ruht und von den innern erhitzten Metallwänden nachgewärmt wird.)
6. Ist Frost zu erwarten, so muß das Wasser jeden Abend aus allen Kühlräumen des Motors und der Gasanlage abgelassen werden.

Reinigung und Instandhaltung des Motors.

a) Die äußere Reinigung des Motors hat jeden Abend unmittelbar nach dem Anhalten, wenn alle Teile noch warm sind und das Öl, mit dem sich die meisten Teile überziehen, noch dünnflüssig ist, zu erfolgen.

b) Für die innere Reinigung kommen in Betracht die Ventilkegel und Gehäuse, der Verbrennungsraum, der Zündstutzen, der Kolben, das Verbindungsrohr des Auslaßventiles mit dem Auslaßtopf und der Auslaßtopf selbst.

Die Zeitabschnitte, innerhalb welcher die Reinigung dieser Teile vorzunehmen ist, richten sich nach der Konstruktion, dem verwendeten Brennstoff und Schmieröl und nach der Sorgfalt und Sachkenntnis, mit welcher der Wärter seines Amtes waltet. Normale Verhältnisse vorausgesetzt, werden die Ventile und der Zündstutzen etwa alle 3—4 Wochen zu reinigen sein. Die Reinigung des Kolbens und des Verbrennungsraumes wird etwa alle 8 Wochen vorzunehmen sein und die des Auspuffrohres und Auspufftopfes etwa einmal im Jahre.

Bevor der Motor zur inneren Reinigung an irgendeiner Stelle geöffnet wird, ist der Gashahn zu schließen, das Zündkabel zu entfernen und dann das Schwungrad wenigstens zweimal herumzudrehen. Nun erst kann man, ohne eine Entzündung etwa noch im Innern angesammelter

Gemischreste befürchten zu brauchen, Ventile, Zündstutzen und Kolben herausnehmen.

Zeigen sich die Ventile und der Zündstutzen mit Teer und Ölkohle belegt, so ist die Schicht mit einem geeigneten Schaber aus Kupfer oder Messing abzukratzen und die letzten Reste mit einem Petroleumlappen zu entfernen. Auch das Innere der Ventilgehäuse ist von anhaftenden Öl- und Teerrückständen mit geeigneten Instrumenten zu reinigen. Alle Reste sind sorgfältig zu entfernen.

Da der größte Teil des dem Zylinder und Kolben zugeführten Schmieröles in Form von Dämpfen und Ölstaub mit den Verbrennungsprodukten durch das Auslaßventil hindurch entweichen muß, so sind das Auslaßventil, das Verbindungsrohr mit dem Auslaßtopf und dieser selbst der Verschmutzung am meisten ausgesetzt. Es wird auch erklärlich, wie wichtig es ist, den Zylinder und Kolben nur gerade so stark zu schmieren, daß die netzende Ölschicht an allen gleitenden Teilen möglichst dünn ist, das Öl verdampft dann und wird nicht in Staubform mitgerissen. Der Ölstaub ist es nämlich, welcher sich in Form von Ölkohle im Verbrennungsraum, an den Ventilköpfen, dem Auslaßventilgehäuse und dem Auspuffrohr festsetzt. Auch die hinteren Kolbenringe setzen sich bei zu starker Schmierung leicht fest. Ganz abgesehen davon, daß Öl verschwendet wird, bringt zu starke Schmierung also noch andere Nachteile mit sich. Verengungen der Auspuffwege durch Ölkohle schwächen dann wieder die Leistung des Motors, sind Veranlassung zu Frühzündungen und zeitraubenden Reinigungsarbeiten.

Reinigung des Kolbens.

Um den Kolben aus dem Zylinder herauszuziehen und zu reinigen, entferne man den Schutzkasten für die Kurbel, stelle die Kurbel nach oben, löse nun den Pleuelstangendeckel, hänge die Pleuelstange mittels eines Seiles an einen Flaschenzug oder Kran, drehe die Kurbel dann nach unten und ziehe nun den Kolben so weit heraus, daß man ein zweites Seil um den Kolben selbst legen und am Flaschenzug befestigen kann. Alsdann legt man ein Stück Holz zwischen Pleuelstange und innere Kolbenwand und kann nun den Kolben ganz herausziehen und mit Hilfe des Flaschenzuges so weit heben, daß er von allen Seiten zugänglich wird. Ohne die Ringe vom Kolben abzuziehen, begießt man ihn dann mit Petroleum und schiebt die Ringe so lange in ihren Nuten einzeln hin und her, bis das verdickte Öl sich aufgelöst hat und sie wieder leicht zu bewegen sind. Nachdem dann noch alle Unreinigkeiten von der Gleitfläche des Kolbens mit Petroleum abgespült sind, wird er trockengewischt und mit Öl bepinselt. Ebenso reinigt man die Zylindergleitfläche mit einem Petroleumlappen, kratzt hinten im Verbrennungsraum und vom Boden des Kolbens die Ölkohle ab, entfernt sie sorgfältig aus dem Zylinder und kann dann den Kolben wieder in den Zylinder einführen. Dabei hat man sorgfältig darauf zu achten, daß Ringe nicht einseitig aus den Nuten hervortreten, sich vor den vorderen Zylinderrand legen und zerbrechen. Mit zerbrochenen Ringen darf der Kolben nicht arbeiten; die Stücke müssen sofort entfernt werden. Ist kein Reservering vorhanden, so kann man bis zur Ankunft eines Ersatzringes den Ring fehlen lassen.

Instandhaltungsarbeiten.

Zu den wichtigsten Instandhaltungsarbeiten gehört das Nachschleifen der Ventile. Während es beim Einlaßventil und Mischventil hauptsächlich Fremdkörper — Sand, Staub, Feilspäne, Teer usw. — sind, die von der Verbrennungsluft mitgerissen werden, auf den Schleifflächen hängen bleiben und sich hier festschlagen, hat man es beim Auslaßventil mit den hocherhitzten Verbrennungsgasen, Ölrückständen und Teer zu tun. Die heißen Gase erhitzen die Schleiffläche beim Durchströmen des engen Öffnungsspaltes stark und geben oft zu Glühspan- und Ölkohlebildung Veranlassung, trotzdem der Ventilkegel mit Wasser gekühlt wird. Von Wichtigkeit für die gute Erhaltung der Einlaßventilschleifflächen ist, daß die Verbrennungsluft in genügender Höhe über dem Fußboden von einem möglichst staubfreien Ort entnommen wird und daß das Gas teerfrei ist. Die Auslaßventilschleiffläche leidet, wenn der Öffnungsspalt zu schmal gewählt wird, wenn der Kolben zu stark geschmiert und der Ventilsitz und Ventilkegel ungenügend gekühlt wird.

Ferner ist damit zu rechnen, daß in den Luftzuführungsrohren und Luftsammelräumen explosionsartige Verbrennungen vorkommen können. Die Wandungen dieser Räume müssen also auch in allen Teilen genügende Festigkeit besitzen. Gemauerte Kanäle und Sammelräume, auch solche mit verputzten Wandungen sind zu vermeiden, Mauersteine und selbst Zementputz werden zertrümmert und gelangen dann als grobkörniger scharfer Staub auf die Ventilschleifflächen.

Was nun die **Handgriffe** für das Reinigen und Nachschleifen der Ventile betrifft, so ist vorerst das Ventil
mit Petroleumlappen äußerlich zu reinigen und, falls
nötig, durch einen Schaber aus weichem Metall von Öl-
kohlen zu befreien. Alsdann steckt man das Ventil wieder
in das Gehäuse und reibt es, fest aufdrückend, mehrere
Male auf dem Sitz herum. Etwa festgeschlagene Fremdkörper kennzeichnen sich dann deutlich durch blank ge-
riebene Kreise auf der Gegenschleifffläche, von denen aus-
gehend die Fremdkörper nun leicht entdeckt und abge-
hoben werden können. Nachdem die vom Abheben her-
rührenden Ränder vorsichtig beseitigt sind, bestreicht man
die Schleifffläche des Kegels dünn mit »Schwärze« und
prüft durch wiederholtes »Aufreiben«, ob die Schleifflächen
»tragen«, d. h. sich in allen Teilen gleichmäßig berühren.
Werden einzelne Teile der Gegenschleiffläche nicht mit
Schwärze bedeckt, so sind Undichtigkeiten vorhanden, die
durch »Schleifen« beseitigt werden müssen. Als Schleifmittel für Stahl und Schmiedeeisen auf gußeisernen oder
stählernen Sitzen benutzt man losen **Schmirgel**. Für
Rotgußventile auf Rotguß- oder Messingsitzen eignet sich
am besten **Glaspulver**. Um das Schleifpulver auf der
Ventilkegelfläche festhaftend zu machen, reibt man letztere
leicht mit Öl ein und streut das Pulver darauf. Schon
vorher war in den Ventilkegel eine Handhabe geschraubt,
mit dieser führt man dann die Schleifbewegungen in der
Weise aus, daß beim Vorwärtsdrehen aufgedrückt und
beim Zurückdrehen angehoben wird, will man mit der
Hand weitergreifen, so läßt man das Ventil beim Griff-
wechsel auf dem Sitz ruhen, damit nach und nach mit
dem Kegel mehrere volle Umdrehungen ausgeführt werden.
Von Wichtigkeit ist es, daß das Ventil immer senkrecht
aufgedrückt wird. Hat nämlich die Ventilspindel in ihrer
Führung erst etwas Spiel, und übt man beim Schleifen
einen einseitigen Druck aus, so schleift sich der Sitz auch
einseitig aus, und es gelingt nicht mehr einen dichten
Schluß der Ventilschleifflächen herbeizuführen. Die Führung muß dann nachgebohrt und mit einer Führungs-
büchse versehen werden. Die Schleifffläche ist in solchen
Fällen von einem Sachkundigen nachzufräsen, und wenn
die Ventilspindel auch abgenutzt ist, ein ganz neues Ventil
einzusetzen. Über die Instandhaltung des **Kolbens** ist
folgendes zu sagen: Unter normalen Verhältnissen wird
es, wie schon erwähnt, gelingen, durch Aufgießen von
Petroleum auf den Kolbenkörper das verdickte Schmieröl
aufzulösen und die Kolbenringe beweglich zu machen. Im

Laufe der Zeit zeigt sich aber, daß die dem Verbrennungsraum zunächst liegenden Ringe nicht mehr in dieser
Weise zu lösen sind. Man wird dann den Versuch
machen müssen, den Kolben mit dem unteren Ringteil in
ein Gefäß mit Petroleum zu stellen und die Ölkohle so
längere Zeit der lösenden Wirkung des Petroleums auszu-
setzen. Durch häufiges Beklopfen mit einem Holzhammer
wird es dann meistens gelingen, die Ringe zu lösen. Sie
sind dann abzuziehen und sowohl die Ringnuten wie die
Ringe selbst von allen Seiten gründlich zu reinigen. Hat
man die Lösung der Ringe zu lange hinausgeschoben, so
werden sie sich nicht mehr entfernen lassen, und es bleibt
dann weiter nichts übrig, wie sie zu zertrümmern und in
einzelnen Teilen zu entfernen. Es müssen dann neue
Ringe zu den meist erweiterten Nuten gemacht werden.
In der Zwischenzeit kann man den Kolben auch ohne die
hintersten Ringe, welche festgebrannt waren, benutzen.
Das Einbringen des Kolbens erfordert Übung, für größere
Motoren benutzt man hierzu am besten Zugbänder, mit
denen jeder einzelne Ring so gefaßt wird, daß er zur
halben Breite aus dem Zugband hervorsieht. Der Kolben
läßt sich dann jedesmal so weit in den Zylinder hinein-
schieben, daß der betreffende Ring von der Zylinderwand
zusammengehalten wird, das Zugband kann entfernt und
für den folgenden Ring benutzt werden.

Vor dem Einbringen des Kolbens muß der ganze
Kolbenumfang mit Öl eingepinselt werden, ferner muß das
Auslaßventil dabei geöffnet sein oder während des Ein-
bringens wiederholt aufgedrückt werden, da die einge-
schlossene, verdichtete Luft sonst nicht entweichen kann
und das Einschieben des Kolbens hindert.

Mit besonderer Sorgfalt sind die Pleuelstangenlager
an der Kurbel und im Kolben wieder zu befestigen und
genau auf den richtigen »Anzug« zu prüfen. Durch Drehen
im Schwungrad, durch Rütteln an der Pleuelstange kann
man sich annähernd überzeugen, ob die Lager den richtigen »Anzug« haben. Ohne weiteres darf der Motor
dann aber nicht in Betrieb genommen werden, man läßt
ihn vielmehr nur einige Minuten laufen und überzeugt
sich, daß die Lager weder »klopfen« noch »warmlaufen«.
Erst wenn dann die etwa nötigen Änderungen im Anzug
der Lager vorgenommen und die Gegenmuttern fest angezogen sind, kann der regelmäßige Betrieb wieder be-
ginnen.

Selbstverständlich muß der Motor anfangs sorgfältig über-
wacht werden, und in den nächsten Betriebspausen müssen

nochmals alle in Frage kommenden Lager auf Erwärmung
geprüft werden. Heißgelaufene Lager dürfen nicht durch
Aufgießen von Wasser abgekühlt werden, da die Lagerschalen hierdurch ihre Form verändern. Der Motor muß
vielmehr sofort angehalten werden; man wartet ab, bis
sich die Lagerschalen anfassen und entfernen lassen. Das
Nacharbeiten und Nachpassen der Schalen kann nur von
geübten Arbeitern ausgeführt werden.

Endlich ist noch der Zündvorrichtung zu gedenken,
an der ebenfalls regelmäßig Instandhaltungsarbeiten auszuführen sind. Es handelt sich dabei hauptsächlich um
den sog. »Zündstutzen« oder »Zündflansch«, dessen Aus-
führungsarten sich wenig voneinander unterscheiden, so
daß die hier angegebenen Instandhaltungsvorschriften für
die meisten Motoren anwendbar sind. Unterschiede in
der Ausführung finden sich nur hinsichtlich der Art der
Isolierung. Bei alten Maschinen sind noch vielfach
Porzellan- und Specksteinhülsen in Gebrauch, bei neueren
hauptsächlich Glimmerscheiben, die nicht so leicht zerbrechlich, billig und leicht ersetzbar sind. In dem heutigen
Stand ihrer Ausbildung muß die elektrische Zündung
immer noch als der empfindlichste Teil des Verbrennungsmotors bezeichnet werden. Nicht nur, daß es an einem
zuverlässigen Isolationsmaterial fehlt, welches bei der hohen
Temperatur der Einwirkung von Feuchtigkeit, Teer, Ruß
und Ölkohle auf die Dauer widerstände, auch die Abdichtung und leichte Beweglichkeit der Teile bietet Schwierigkeiten, die immer noch nicht als völlig überwunden bezeichnet werden können. Nur bei genügender Aufmerksamkeit und gründlicher Ausführung der Instandhaltungsarbeiten wird es ohne Betriebsstörungen abgehen. Täglich
vor dem Anlassen hat sich der Wärter zu überzeugen, ob
der »Magnetapparat« Strom gibt. Mit Daumen und Zeige-

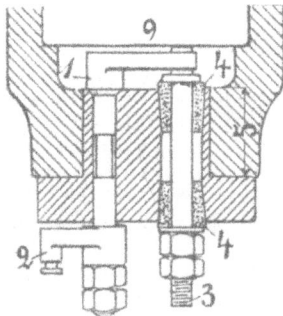

Fig. 33.

Zündstutzen oder Zündflansch.

1 Innerer Abreiß- oder Zündhebel.
2 Äußerer Abreiß- oder Zündhebel.
3 Kontaktstift.
4 Isolation und Dichtungskonus, Speck-
stein oder Steatit.
5 Abmessung, um welche der Zündflansch
in das Innere des Motors hineinragt.

finger ist eine Verbindung des isolierten Zündstiftes mit
der Abreißhebelwelle herzustellen und durch Hin- und
Herbewegen des »Ankers« von Hand Strom zu erzeugen,
den man bei gutem Instandsein des Apparates deutlich
fühlt.[1]) Auch von der leichten Beweglichkeit der Abreißhebelwelle (Fig. 33 zwischen 1 und 2) hat man sich gleichzeitig zu überzeugen.

Je nach Bedarf, etwa in Zeiträumen von 1—2 Wochen,
ist der Zündstutzen herauszunehmen und von anhaftenden
Unreinigkeiten (Ölkohle, Teer und Ruß) zu säubern, auch
die Ventilschleiffläche 1 an der Abreißhebelwelle ist auf
Dichthalten zu untersuchen und die Welle selbst zu
reinigen. Nutzt sich die Schleiffläche unverhältnismäßig
schnell ab, so empfiehlt es sich, sie von Zeit zu Zeit mit
Flockengraphit einzureiben, auch die Abreißhebelwelle,
welche ebenfalls starker Erwärmung ausgesetzt ist, kann
man mit dem Graphit einreiben und damit leichtbeweglich
erhalten.

Bei Isolation durch Glimmerscheiben sammelt sich in
den Fugen zwischen etwa zerbrochenen oder unebenen
Scheiben bei noch kalter Maschine im Winter häufig
Wasser an und stört dann die Isolation. Die Glimmerscheiben sind also von Zeit zu Zeit abzunehmen und etwa
zerbrochene oder abgeblätterte Scheiben durch neue feste
zu ersetzen. Die Gesamtdicke der übereinander liegenden
zusammengepreßten Scheiben muß immer beibehalten
werden.

Das Zylinderschmieröl.

Die Schmierung des Zylinders und Kolbens vollzieht
sich bei den Verbrennungsmotoren unter viel ungünstigeren
Verhältnissen wie bei der Dampfmaschine. Nicht nur, daß
die Temperatur der Zylindergleitflächen viel höher ist,
sondern es kommt auch noch hinzu, daß das Innere des
Zylinders bei jeder Saugperiode mit der äußeren Luft in
Verbindung tritt, die ja immer Staub enthält, der auf die
ölbedeckten Gleitflächen des Zylinders prallt, dort festklebt
und als Schleifmittel wirkt. So kommt es denn, daß der
Zylinder häufig schon nach einigen Jahren so ausgeschliffen

---

[1]) Ein »Abreißen« des Ankers, von Hand, wie es während
des Betriebes von der Maschine besorgt wird, ist zu vermeiden,
der elektrische Schlag würde sich unangenehm fühlbar machen.
Es genügt wie gesagt, die Zunge am Anker soweit hin und
her zu schwingen, daß die Stoßstange eben den äußeren Abreißhebel trifft.

ist, daß ein Nachbohren nötig wird. Wird aber die Luft von einem staubfreien Ort entnommen, so kann der Zylinder und Kolben eines gut bedienten ortsfesten Motors wohl 10 Jahre aushalten.

Den Hauptanteil an guter Erhaltung des Zylinders und Kolbens hat aber die Qualität des Schmieröls und das rechte Maß der Schmierung, denn es gibt Öle, bei denen zu reichliche Schmierung ebenso schädlich ist wie zu geringe.

Für die Prüfung des Zylinderöles auf Brauchbarkeit und das rechte Maß der Ölzuführung können folgende Anhaltspunkte dienen:

1. Zieht man den Kolben aus dem betriebswarmen Motor heraus, so soll sich die gesamte Zylinder- und Kolbenlauffläche gleichmäßig mit einer dünnen Ölschicht überzogen zeigen.

2. Die Ölschicht muß die blanke Metallfläche deutlich durchschimmern lassen und darf nicht braun oder schwarz auf dem Finger abfärben.

3. In den Ventilgehäusen, an den Ventilköpfen und am Kolbenboden sollen sich nach sechswöchentlichem Betriebe noch keine starken Ansätze von Ölkohle zeigen.

4. Während des Betriebes darf aus der Zylindermündung nicht ein schwarzbrauner Brei heraustreten.

Die Öle aus dem Tier- und Pflanzenreich, wie sie früher zum Schmieren der Dampfmaschinen benutzt wurden, zersetzen sich oder verkohlen schon bei verhältnismäßig niedrigen Temperaturen und können für sich allein nicht zum Schmieren des Kolbens der Verbrennungsmotoren benutzt werden. Erst nachdem man anfangs der siebziger Jahre gelernt hatte, aus dem Rohpetroleum die Mineralschmieröle zu gewinnen, war das richtige Zylinderöl für Verbrennungsmotoren gefunden.

Je nach der Größe des Motors, je nach dem Verdichtungsgrad und der Länge des Kolbens wird man Öle von verschiedenem Siedepunkt bzw. verschiedener »Schwere« verwenden müssen. Am vorteilhaftesten wird es sein, wenn sich auf der Zylinderlauffläche eine Ölschicht von solcher Dicke erhält, wie sie für den guten Schmierzustand eben ausreicht; es muß dann also regelmäßig so viel neues Öl an der richtigen Stelle zugeführt werden, wie im Innern verdampft. Bei einem derart geschmierten Zylinder mischen sich die Schmieröldämpfe mit der Ladung, verbrennen mit dieser und werden für die Krafterzeugung

nutzbar. Es liegt auf der Hand, daß dieser ideale Schmierzustand nur so lange erhalten werden kann, wie mit derselben Ölqualität und Quantität geschmiert wird. Ist das
Öl einmal leichter siedend, so genügt das zugeführte
Quantum nicht, es verdampft zu schnell, der Zylinder wird
hinten zu trocken und nutzt sich schnell ab. Ist es zu
schwer siedend, so verdampft weniger, die bestehende Ölschicht im Zylinder wird zu dick, das überschüssige flüssige
Öl wird in Staubform mit den Auspuffgasen fortgerissen
und gegen die Wandungen des Verbrennungsraumes und
der Ventile geschleudert, wo es Schichten von Ölkohle
bildet. Auch die aus dem zu schweren Öl gebildeten
Dämpfe wirken schädlich, sie verbrennen nur unvollkommen,
so daß sich Ruß abscheidet, der sich mit dem überschüssigen
Öl vermischt und als schwarzbrauner Brei aus der Zylindermündung hinausgeschoben wird. Der Ruß wirkt als Schleifmittel schädlich und trägt dazu bei, daß sich die Zylindergleitfläche schnell abnutzt.

Beseitigung von Betriebsstörungen an den Motoren der Sauggasanlagen.

Um das Auffinden der Ursachen von Betriebsstörungen
und deren Beseitigung zu erlernen, muß man von vornherein planmäßig vorgehen; bei unüberlegtem Hin- und
Herprobieren gewinnt man keine Klarheit darüber, welches
die eigentliche Störungsursache gewesen ist und welches
Mittel das richtige für die Beseitigung der Störung war.

Nachstehend sind die hauptsächlichsten Betriebsstörungen, welche bei den mit Generatorgas betriebenen
Verbrennungsmotoren vorkommen, angeführt und Anleitungen gegeben, um aus den charakteristischen Begleiterscheinungen die Ursache der Störung zu finden und das
richtige Mittel zur Beseitigung in Anwendung bringen zu
können.

1. Der Motor versagt beim Anlassen den
   Dienst, ohne daß sich Begleiterscheinungen bemerkbar machen.
2. Der Motor versagt beim Anlassen, und
   er knallt im Zündzeitpunkt aus dem
   Auspuffrohr.
3. Die Ingangsetzung des Motors erfolgt
   erst nach mehreren vergeblichen Anlaßversuchen, die Zündungen treten in der
   Folge periodisch auf.
4. Der Gang des Motors ist unregelmäßig.

5. Der Motor versagt den Dienst während
   des Betriebes.
6. Der Motor äußert zu wenig Kraft.
7. Es knallt während des Betriebes hin
   und wieder aus dem Luftansaugerohr.
8. Es erfolgen Stöße im Motor.
9. Der Motor läuft zu schnell.

Hilfsmittel zur Beseitigung der verschiedenen Störungen.

1. Der Motor versagt beim Anlassen den Dienst, ohne daß sich Begleiterscheinungen bemerkbar machen.

a) Als **Ursachen des Versagens der Zündung** beim Anlassen sind anzuführen:

Das »Schwitzen« der Isolation des Zündstiftes.

»Ölspritzer«.

Anhaftende Ölkohle oder Ruß an der Isolation des Zündstiftes.

Festsitzen der Abreißhebelwelle.

Erlahmen der Feder, welche den Abreißhebel zurückzieht.

Lockerung des Leitungskabels an den Befestigungsstellen.

Hilfsmittel für Beseitigung von Zündungsstörungen: Aus der nicht klein zu nennenden Anzahl von Störungsursachen geht hervor, daß die elektrische Zündung mit Recht als ein empfindlicher Teil der Verbrennungsmotoren bezeichnet wird.

Das »**Schwitzen**« der im Verbrennungsraum liegenden Teile des Zündstutzens tritt bei kalter Witterung ein, wenn das angesaugte Gemisch und auch die Verbrennungsprodukte der ersten Zündungen noch wärmer wie die Innenteile des Motors sind. Die Feuchtigkeit der Luft und der Gase schlagen sich dann als Flüssigkeitsschicht auf den kalten Teilen der Isolierungen nieder, stören die Isolation und hindern die Funkenbildung. Als Hilfs- bzw. Vorbeugungsmittel ist zu empfehlen, den Zündstutzen vor der Ingangsetzung abzuschrauben und an einen geeigneten warmen Ort, z. B. auf den Generator, zu legen. Unmittelbar vor dem Anlassen wird der Stutzen dann wieder eingesetzt. Auf den warmen Teilen des Stutzens schlagen sich dann keine Wassertropfen nieder.

Ölspritzer. Während des Stillstandes in den Betriebspausen sammelt sich Öl in dem tiefsten Teil der

Zylinderbohrung an; bei den Bewegungen des Kolbens wird dieses Öl nach dem Verbrennungsraum hin zusammengeschoben und spritzt bei den ersten Zündungen auseinander. Gelangt dann ein Öltropfen zwischen Zünd-hebel und Zündstift, so ist die metallische (leitende) Be-rührung aufgehoben, und es bildet sich kein Funken. Der Zündstutzen muß dann abgenommen und das Öl entfernt werden. Zur Sicherheit kann man die Berührungsstelle von Zündstift und Hebel, also dort, wo sich der Funke bildet, noch mit feinem Schmirgelleinen leicht abreiben.

Als Vorbeugungsmittel ist zu empfehlen, den Ölhahn, falls ein solcher angebracht ist, während der letzten Drehungen vor dem Anhalten zu öffnen, damit alles überschüssige Öl nach unten gerissen und fortgeblasen ist, wenn der Kolben zum Stillstand kommt. Ist kein Ölhahn vorhanden, so halte man den Motor bei den kurzen Betriebspausen, während des Frühstücks und mittags, so an, daß der Kolben im hinteren Totpunkt steht. Das Öl sammelt sich dann außerhalb des Verbrennungsraumes an und wird beim Anlassen durch den vorgeschobenen Kolben zum größten Teil wieder über die Zylinderfläche verteilt.

Störung der Isolation durch anhaftende Öl-kohle und Ruß. Wird zu stark oder mit zu »schwerem« Öl geschmiert, so überziehen sich die in das Innere des Verbrennungsraumes hineinreichenden Teile, zu denen ja auch der Zündstutzen gehört, bald mit einer Schicht von Ölkohle und Ruß, welche »Elektrizitätsleiter« sind, also die Isolation und damit auch die Funkenbildung aufheben.

Abhilfe erfolgt durch Beseitigung der störenden Schicht, am schnellsten und gründlichsten durch einen in Petroleum getauchten Lappen. Sind Glimmerscheiben als Isolationsmittel benutzt, so nimmt man sie von dem Zünd-stift ab und legt sie in Benzin; die störende Schicht wird dann schnell aufgelöst und kann abgespült und abgewischt werden.

Versagen der Zündung durch Festsitzen der Abreißhebelwelle. Die Abreißhebelwelle ist ein sehr empfindlicher Teil der elektrischen Zündung; sie soll sich leicht drehen und auch in der Längsrichtung um ein kleines Maß beweglich bleiben, damit die Ventilschleif-fläche, mit welcher die Welle versehen ist, fest und dicht auf ihren Sitz gepreßt werden kann. Dabei ist die Welle hohen Temperaturen ausgesetzt und läßt sich nicht mit Öl schmieren. Wie schon erwähnt, hilft man sich damit,

vor jedem Anlassen Petroleum an die Welle zu spritzen.
Setzt sich die Welle während des Betriebes fest, so ist das
einzige Hilfsmittel, nochmals Petroleum einzuspritzen,
dem man etwas Flockengraphit zusetzen kann. Die Beweglichkeit stellt sich dann meistens wieder her, das
Petroleum verdampft bald, die kleinen Graphitblättchen
setzen sich nach und nach in den Poren des Gußeisens
fest und bewirken hier eine Trockenschmierung.

Das Erlahmen der Feder, welche den inneren
Hebel auf den Zündstift zu drücken hat, tritt häufig ein,
weil sie bei jedem Herausnehmen des Zündstutzens entfernt werden muß und dabei oft über Gebühr auseinander-
gezogen wird. Der Zündhebel kommt dann nicht mehr
zur festen Anlage an den Zündstift und die Funkenbildung
wird gestört oder doch so verkleinert, daß sie für die
Entzündung der Ladung nicht mehr hinreicht. Man hat
daher immer für eine gut passende Reservefeder zu sorgen.
Sollte keine Ersatzfeder mehr vorhanden sein, so ist als
Aushilfsmittel zu empfehlen, die eine Öse der Feder
abzukneifen, den letzten Gang der Spirale auszuglühen
und hochzubiegen, so daß sich eine neue Öse bildet und
die Feder kürzer wird.

Versagen der Zündung infolge Lockerung
des Leitungskabels an einer der Befestigungsstellen. Da auch das Leitungskabel bei jedem Abnehmen
des Zündstutzens zu entfernen ist, so wird häufig vergessen,
es wieder sicher zu befestigen. Namentlich die Befestigungs-
stelle am Zündstutzen ist durch die »Stoßstange« dauern-
den Erschütterungen ausgesetzt, so daß sich das etwa vorhandene Stellschräubchen leicht lockert. Ist dann das
Leitungskabel noch von unten her eingeführt und hängt
nach unten herunter, so ist nicht zu verwundern, daß es
häufig während des Betriebes herausfällt und Störungen
verursacht. Leitungskabel, welche mit federnden Schuhen
an den Befestigungsstellen gehalten werden, bieten größere
Sicherheit.

b) **Der Motor versagt den Dienst, weil das Gas
schlecht ist oder in ungenügender Menge nach dem
Motor gelangt.** Das Generatorgas ist nicht so leicht entzündbar wie Leuchtgas, so daß Änderungen in der Qualität
oder Quantität, namentlich beim Anlassen, wo die Gemischbildung sowieso unsicherer wie im Betriebe ist, von großem
Einfluß auf die Entzündbarkeit sind. Hierzu kommt noch,
daß die meisten Sauggasmotoren mit Druckluft angelassen
werden und die verdichtete Luft sich beim Expandieren
im Arbeitszylinder sehr stark abkühlt; die Wandungen

des Verbrennungsraumes kommen dabei auf eine so niedrige
Temperatur, daß auch dies dazu beiträgt, die Entzündung
zu erschweren. Die Hauptregel für den Wärter ist also
die, das Anlassen des Motors nicht früher vorzunehmen,
als bis er die Gewißheit hat, daß vor dem Motor auch
wirklich gutes Gas steht. Zu bedenken ist ferner, daß
mit jedem neuen Versuch, den Motor anzulassen, die
Spannung im Luftbehälter sinkt und damit auch die
Wahrscheinlichkeit, daß er mit der ausprobierten Stellung
des Gas- und Luftzutrittes »anspringt«. Versagt der Motor
beim Anlassen, trotzdem das Gas gut ist und auch die
Zündung allen Anforderungen genügt, so hat man zunächst
an Gasmangel, verursacht durch Verengungen in der
Gasleitung, zu denken. Der Wärter gewöhne sich daran,
so oft wie möglich einen Blick auf den »Vakuummeter«
an der Generatoranlage zu werfen oder, falls diese in einem
anderen Raum untergebracht ist, einen Gehilfen damit zu
beauftragen. Sobald sich während des Betriebes eine Vergrößerung des Vakuums (Unterdruckes) zwischen Generator
und Skrubber zeigt, darf die Reinigung der gesamten Gasrohrleitung nicht länger hinausgeschoben werden.

　　Ein weiteres Auskunftsmittel, zu erkennen, ob
Mängel in der Gemischbildung — zu schwaches oder
zu wenig Gas — die Ursache der Störung sind, besteht
darin, den Indikatorhahn oder den Ölhahn während der
Verdichtungsperiode zu öffnen und zu untersuchen, ob
sich das Gemisch durch eine vorgehaltene Flammenspitze
leicht entzünden läßt und bis zu Ende des Hubes brennt.
Eine wenig sichtbare oder zeitweise verlöschende Flamme
weist dann mit Sicherheit auf Mängel in der Gemischbildung hin. Wird man dann durch Öffnung der Einlaß-
und Mischventilgehäuse belehrt, daß diese die nötige Beweglichkeit besitzen, so kann der Fehler nur an zu schwachem
oder mangelndem Gas liegen. (Beim Entzünden der Flamme
hat man sich außer Bereich des Gemischstrahles aufzustellen.)

　　c) **Der Motor versagt beim Anlassen den Dienst,
weil Undichtigkeiten an den Ventilen oder dem Zündstutzen entstanden sind.** Undichtigkeiten am Einlaß-
oder Mischventil entstehen, wenn diese durch anhaftenden
Teer an der Beweglichkeit gehindert werden, wenn die
Schleifflächen undicht sind, wenn nach erfolgter Reinigung
der Ventile die Gehäuse nicht gründlich befestigt wurden,
und durch Zerreißen von Asbestdichtungen.

　　Festsitzende oder undichte Einlaß- oder Mischventile
machen sich äußerlich wenig bemerkbar, da das heraus-
gedrängte Gemisch in das weite Luft- und Gasrohr zurück-

tritt, wohl aber wird man an den Gasdruckmessern der
Gasanlage merken, daß der Unterdruck in der Verdichtungsperiode verschwindet. Unter Umständen kann es bei
solchen Gelegenheiten zur Entzündung des zurückge-
drängten Gemisches und zu Druckbildung in den Hohlräumen der Gasanlage kommen. Die Ventile sind daher
sorgfältig zu überwachen und regelmäßig gründlich zu
reinigen.

Undichtigkeiten an den Ventilgehäusen oder am
Zündstutzen, die durch mangelhafte Befestigung oder zer-
rissene Dichtungen verursacht werden, machen sich durch
mehr oder weniger starkes Zischen bemerkbar; durch Bestreichen der fraglichen Stellen mit Seifenwasser ist der
Sitz der Undichtigkeit aufzufinden.

2. Der Motor versagt beim Anlassen den Dienst und es knallt im Zündzeitpunkt aus dem Auspuffrohr.

Die Ursache der Störung ist immer in dem undichten oder festsitzenden Auslaßventil zu suchen.

Die Störung tritt meistens am Montag Morgen auf,
wenn der Motor längere Zeit stillgestanden hat und das
Auslaßventil durch Rostbildung oder verdicktes Öl an
leichter Beweglichkeit in seiner Führung gehindert wird.

Ein mehr oder weniger großer Teil der Ladung tritt
dann durch die Undichtigkeit in den Auspufftopf und das
Auspuffrohr. Erfolgt nun die Zündung, so teilt diese sich
auch dem herausgedrängten Gemisch mit, und die starke
Druckbildung verursacht den Knall an der Rohrmündung.

Hilfsmittel: Gangbarmachen des Ventiles durch
Einträufeln von Petroleum in seine Führung durch das
zu diesem Zweck an den meisten Motoren angebrachte
Röhrchen oder Schmierloch, und Auf- und Abbewegen
des Ventiles, bis es wieder mit hellem Ton auf den Sitz
schlägt.

Kann der Fehler durch Gangbarmachung des Ventiles
nicht beseitigt werden, so ist das Auslaßventil auf der
Schleiffläche undicht, es muß herausgenommen, von etwa
festgeschlagenen Fremdkörpern befreit und nachgeschliffen
werden.

3. Das Angehen erfolgt erst nach mehreren ver- geblichen Anlaßversuchen und der Motor äußert wenig Kraft.

Die Störungsursache kann erlahmte, zu schwach
gespannte oder gebrochene Auslaßventilfeder sein, oder zu
wenig Brennstoff im Gemisch.

Ist die Auslaßventilfeder erlahmt, so bietet sie in der Ansaugeperiode zu wenig Widerstand und das Ventil öffnet sich zu dieser Zeit ebenso wie das Einlaß ventil. Da nun vor dem Auslaßventil, also im Auslaßtopf und Auslaßrohr, verbrannte Gase stehen, so treten diese in den Zylinder zurück, während vom Einlaßventil her Gemisch einströmt. Die Ladung setzt sich dann also zu- sammen aus weniger Gemisch und mehr Verbrennungs rückständen wie unter normalen Verhältnissen und wird unentzündbar. Diese unentzündbare, immerhin aber brenn- stoffhaltige Ladung wird nun während der Auslaßperiode in den Auslaßtopf geschoben und tritt dann wieder während der Ansaugeperiode in den Zylinder zurück. Die Ladung wird nun also aus neuem Gemisch und den zurückgesaugten, diesmal aber gemischhaltigeren Verbrennungsrück- ständen gebildet, und je mehr Ansaugungen ohne darauf- folgende Zündungen sich aneinanderreihen, um so gemisch- haltiger, also auch zündungsfähiger wird die Ladung. Schließlich muß dann eine Zündung mit Antrieb kommen, damit bilden sich wieder Verbrennungsrückstände und der geschilderte Vorgang wiederholt sich von neuem. Je weniger das Auslaßventil durch die Feder belastet ist, um so länger werden die Perioden werden, innerhalb welcher die Zün- dungen ausbleiben, und umgekehrt, je stärker die Feder noch wirkt, um so kürzer werden sie sein.

Die Zündungen fallen periodisch aus, weil der Gasgehalt der Ladung zu gering ist. Auch in diesem Falle »reichert« sich die Ladung, wie vorstehend geschildert, allmählich an.

Ist das gebildete dünne Gemisch vielleicht für sich allein auch zündbar, so verwandelt es sich doch bei der ersten Ansaugung im Verbrennungsraum durch Vermischung mit den verbrannten Gasen zu einer unentzündbaren Ladung. Erst nachdem dann die verbrannten Gase durch einen zweiten, dritten oder vierten Saughub hinausgespült sind, so daß nun mehr oder weniger armes, aber doch zündbares Gemisch im Zylinder angesammelt ist, erfolgt eine Zündung.

4. Der Gang des Motors ist unregelmäßig.

Der regelmäßige Gang stellt sich nur dann ein, wenn der Motor mit voller Belastung läuft.

Ursache: Mangelhafte Beweglichkeit des Regulators.

Hilfsmittel: Die dauernd gute Wirkung des Regu- lators hängt in hohem Grade von der Sorgfalt ab, mit der er behandelt wird. Die Gelenke, Führungen, Schleifringe

7*

usw. müssen stets in gutem Schmierzustand erhalten
werden, auch das Öl in der sog. »Ölbremse« ist von Zeit
zu Zeit zu erneuern, andernfalls tritt schwerer Gang des
Regulators ein, und seine »Empfindlichkeit« wird herab-
gesetzt. Genügte die Regelmäßigkeit des Ganges zu Anfang
beim neuen Motor, und stellte sich der unregelmäßige
Gang erst im Laufe der Zeit ein, so ist auf ungenügende
Instandhaltung des Regulators zu schließen. Es ist nicht
zu empfehlen, den Regulator in solchen Fällen auseinander-
zunehmen, sondern das verdickte Öl durch wiederholtes
Einspritzen und Aufgießen von Petroleum aufzulösen und
fortzuspülen, bis sich die genügende Beweglichkeit wieder
hergestellt hat. Für die Zukunft wähle man dann dünn-
flüssigeres Öl, oder verdünne das vorhandene für die Regu-
latorschmierung durch etwas Petroleum. Sind sog. »Pendel-
regulatoren« in Benutzung, so ist auch für Nachschärfung
der Schneiden zu sorgen; dabei hat man darauf zu achten,
daß die neuen Schneideplatten genau dieselbe Länge und
Lage wie die alten haben.

5. Der Motor versagt den Dienst während des Betriebes.

Ursachen können sein: a) Zündvorrichtung ist in
ihrer Wirkung gestört. b) Ventile oder Zündstutzen sind
undicht geworden. c) An den Asbestverpackungen haben
sich Undichtigkeiten gebildet. d) Befestigungsmuttern haben
sich gelockert. e) Gasleitungen haben sich verstopft.
f) Ventile sitzen infolge Verschmutzungen durch Teer in
ihren Führungen fest. g) Es ist versäumt, das Wasser
aus dem Auslaßtopf abzulassen. h) Die Schmierung irgend-
eines Teiles ist versäumt worden.

Hilfsmittel: Das erste, was der Wärter beim unver-
muteten Stillstand seiner Motore zu tun hat, ist, alle Lager
durch Anfühlen auf Warmlaufen zu untersuchen; auch
das Pleuelstangenlager im Kolben darf dabei nicht vergessen werden. Demnächst ist festzustellen, ob die Zündvorrichtung arbeitet. In der schon geschilderten Weise
stellt man durch Anlegen zweier Finger, den einen an
die Abreißhebelwelle, den andern an den Zündstift, eine
Leitung durch die Hand her und kann so, wenn man mit
der andern Hand die Stoßstange bis zum Anstoß an den
Zündhebel bewegt, deutlich fühlen, ob der Apparat Strom
gibt oder nicht.

Undichtigkeiten irgendwelcher Art ermittelt man am
schnellsten durch Verkehrtherumdrehen des Schwungrades.
Ist alles dicht, so fühlt man die Kompression sofort als

sich verstärkenden Gegendruck; sind irgendwo Undichtigkeiten in den Verpackungen, so läßt sich das Rad ohne
vermehrten Widerstand drehen. Hat der Motor Luftan-
lassung, so stellt man den Kolben auf den inneren Totpunkt und öffnet das Luftanlaßventil ganz wenig; sind
äußere Undichtigkeiten vorhanden, so hört man es zischen.
Auf Undichtigkeiten in den Ventilen, ist zu schließen, wenn
der Kolben nicht vorgeschoben wird, trotzdem das
Anlaßventil Druckluft nachtreten läßt.

Zu viel Wasser im Auslaßtopf. Bei kaltem
Wetter kann sich im Auslaßtopf so viel Wasser ansammeln,
daß den Auspuffgasen der Weg versperrt wird. In solcher
Zeit empfiehlt es sich dann, den Ablaßhahn am Auslaß-
topf überhaupt nicht zu schließen, so daß das gebildete
Wasser sofort abfließen kann.

6. Der Motor äußert zu wenig Kraft.

Ursachen können sein: a) Der Zündzeitpunkt liegt zu
früh oder zu spät. b) Es bleiben Zündungen aus. c) Die
Ventile oder der Kolben sind nicht mehr genügend dicht,
oder es sind an anderen Stellen geringe Undichtigkeiten
entstanden. d) Das Auspuffrohr ist verstopft. e) Die Auslaßventilfeder hat in der Spannung etwas nachgelassen;
f) Steuerungsteile, Rollen, Bolzen oder Nocken haben sich
abgenutzt. g) Es ist zu wenig oder zu schlechtes Gas im
Gemisch.

a) Die richtige Lage des Zündzeitpunktes ist von
größtem Einfluß auf die Kraftäußerung, alle größeren gut
konstruierten Gasmotoren müssen daher eine Einrichtung
haben, um den Zündzeitpunkt entsprechend der jeweiligen
Gasqualität — die ja bei den Sauggasanlagen oft erheblichen Schwankungen unterworfen ist — einstellen zu
können.

b) Es bleiben zeitweise Zündungen aus, weil
die Welle des Abreißhebels nicht genügend beweglich,
oder die Feder am Abreißhebel erlahmt ist.

c) Undichtigkeiten. Sobald sich Mangel an Kraft
bemerkbar macht und durch Nachregulieren des Gemisches
und des Zündzeitpunktes während des Betriebes nichts
zu erreichen ist, hat man zunächst an das Vorhandensein
von Undichtigkeiten zu denken und dementsprechende
Untersuchungen anzustellen. Gelegentlich der nächsten
Betriebspause wird das Schwungrad, ohne vorher den Gashahn zu öffnen, von Hand so weit gedreht oder geklinkt,
daß sich der Widerstand der Kompression bemerkbar

machen muß; wird er nicht deutlich fühlbar, so ist irgendwo eine Undichtigkeit. Der undichte Kolben macht sich
dann durch Zischen und Ölblasen an der Dichtfuge um
den Kolben herum bemerkbar. Etwa gelockerte Befesti-
gungen der Ventilgehäuse und des Zündstutzens sind durch
Bestreichen der in Frage kommenden Fugen mit Seifenwasser und durch die dann auftretende Blasenbildung zu
erkennen. Um die Ventile selbst auf Festhängen oder
Undichtigkeiten ihrer Schleifflächen zu untersuchen, müssen
sie herausgenommen werden. Dabei hat man auch Gelegenheit, die Ventilfedern auf richtige Spannung zu prüfen.
Zeigte der Motor in allen Teilen genügende Dichtigkeit
und ist auch das Gas von guter Qualität und in genügender
Menge vorhanden, so hat man an eine Verstopfung des
Auspuffrohres durch Ölkohle usw. zu denken und dementsprechende Untersuchungen anzustellen. Beim Auf-
suchen des Ursprunges von Undichtigkeiten ist zu beachten, daß plötzlich auftretender Kraftmangel nur bei
undichten Ventilen, gelockerten Befestigungsmuttern der
Ventilgehäuse oder zerrissenen Verpackungen eintritt,
während bei allmählicher Verringerung der Kraft im
Laufe von Monaten oder Jahren der Grund nur im undichten Kolben oder verengten Rohrleitungen zu suchen ist.

7. Es knallt während des Betriebes hin und wieder aus dem Luftansaugerohr.

Die Ursachen des Knallens aus dem Luftrohr können
sein a) Bildung langsam brennenden Gemisches, b) noch
brennende Schmieröldämpfe, c) glimmende Ölkohle oder
Asbestfasern, d) sackgassenähnliche Räume im Innern des
Verbrennungsraumes.

Das Knallen aus dem Luftansaugerohr ist für den
Wärter und die in der Nähe des Motors beschäftigten
oder wohnenden Personen sehr lästig. Es kann bei großen
Motoren die Stärke eines Kanonenschusses annehmen, und
werden namentlich die Sauggasmotoren leicht von diesem
Übel befallen.

Als Gründe hierfür sind anzuführen, daß die Zusammensetzung des Generatorgases leichter schwankt wie
die des Leuchtgases und daß die Verbrennungsgeschwindigkeit des Generatorgasgemisches erheblich geringer wie die
des Leuchtgasgemisches ist. Erst durch Verwendung höherer
Verdichtungsgrade, wie sie bei den Leuchtgasmotoren ge-
bräuchlich sind, erreicht man bei den Generatorgasmotoren
die nötige Verbrennungsgeschwindigkeit. Alles, was also

dazu beiträgt, die Zusammensetzung des Gases zu ändern oder den Verdichtungsgrad zu vermindern, kann auch als Ursache des Knallens aus dem Einlaßventil angesehen werden.

b) Nachbrennende Schmieröldämpfe sind auch häufig die Ursache des Knallens. Die Temperatur im Arbeitszylinder steigt viel höher wie die Verdampfungstemperatur des Schmieröles, es bilden sich also Öldämpfe, welche unter normalen Verhältnissen mit der Ladung genügend vermischt werden, um gleichzeitig mit dieser zu verbrennen. Ist aber die Mischung der Dämpfe mit der Ladung unvollkommen, weil zu viel Öl verdampft, so brennen die Öldämpfe langsamer wie die Ladung, sie »schwehlen« und bilden in diesem Zustand eine vorzeitig wirkende Zündquelle für die demnächst angesaugte Ladung.

Eigentümlich ist es, daß die »Rückschläge« — das Knallen — immer nur einzeln und in größeren oder kleineren Zeitabschnitten auftreten. Auch hierauf läßt sich aber eine Antwort finden, wenn man berücksichtigt, daß nicht nur die vorzeitig entzündete Ladung als solche verloren geht, sondern meistens auch die folgende Zündung noch ausbleibt, weil bei dem geöffneten Einlaß- und Mischventil sich die Luft- und Gasleitung mit Verbrennungsrückständen gefüllt haben, so daß erst beim zweiten Saughube nach dem Knall vor dem Einlaßventil wieder reine Luft und reines Gas stehen können. Während des Ausfallens dieser beiden Zündungen kühlen sich aber die mit Öl bedeckten Zylinderlaufflächen stark ab, und es tritt eine Zeitlang wieder der normale Gang ein. Durch Verringerung der Schmierung oder Verwendung schwereren Öles kann man den Übelstand meistens beseitigen.

c) Glimmende Ölkohle und Asbestfasern. Bei ungenügender oder versäumter Reinigung des Verbrennungsraumes, des Auslaßventiles und auch des Kolbenbodens können Teile der hier abgesetzten Ölkohle leicht ins Glühen geraten, wenn die neue Ladung eintritt. Je nachdem dann schon mehr oder weniger große Quantitäten der Ladung im Zylinder angesammelt sind, wird das entzündete Gemisch mit stärkerem oder schwächerem Knall aus dem Luftrohr herausfahren.

Vortretende Teile der Asbestverpackungen wirken ebenso wie glühende Ölkohle, sie müssen so ausgeschnitten sein, daß sie zurückspringen. Gute sorgfältig gebaute Motoren haben überhaupt keine Asbestdichtungen, sondern die Abdichtung wird hier durch »Schleifflächen« bewirkt.

d) Sackgassenähnliche Räume, welche in direkter Verbindung mit dem Verbrennungsraum stehen, haben sich häufig als die lange gesuchte Ursache des Knallens entpuppt. Die Räume brauchen durchaus nicht groß sein, z. B. genügt der nicht ausgefüllte Indikatorkanal, die Bohrung des Ölablaßhahnes, Spalten und Fugen um die Ventilgehäuse herum, das Knallen hervorzurufen. Die Erklärung hierfür läßt sich leicht geben. Nach dem Treibhub füllen sich die »Sackgassen« mit Verbrennungsgasen, zu denen sich während der Verdichtungsperiode mehr oder weniger reines Gemisch gesellt. Dort, wo sich die Gasarten berühren, vermischen sie sich in mehr oder weniger großer Tiefe, jedenfalls bildet sich dann aber streckenweise eine sehr langsam brennende Zone von verdichtetem Gemisch, die noch schwehlt, wenn die Auspuffperiode schon beendigt ist und die neue Ladung bereits angesaugt wird. Gegen Mitte des Ansaugehubes, wenn der Kolben schneller läuft und im Zylinder »Unterdruck« eintritt, kommt dann die Flamme aus ihrem Schlupfwinkel in der Sackgasse heraus und entzündet die schon im Zylinder angesammelte Ladung.

Bohrungen von Indikatorhähnen sind also mit einem Zapfen zu verschließen, der dieselbe auf der ganzen Länge ausfüllt. Ölablaßhähne sind durch Ventile zu ersetzen, wenn sie als Ursache des Knallens erkannt sind.

8. Es erfolgen Stöße im Motor.

Ursachen der Stöße können sein:

a) Zu früh wirkende Zündung (harter Gang des Motors).

b) Selbsttätige vorzeitige Entzündung der Ladung durch die Verdichtungswärme.

c) Abgenutzte Maschinenteile.

Auch hier sind es wieder die Sauggasmotoren, welche zu diesem Übel besonders neigen. In dem Bestreben, den Motoren einen möglichst geringen Brennstoffverbrauch zu geben, legen ihnen die Konstrukteure einen zu hohen Verdichtungsgrad zugrunde. Unter günstigen Verhältnissen, bei gleichmäßig gutem Gas und starker Kühlung ergibt ein solcher Motor dann auch ein gutes Resultat. Im praktischen Gebrauch ist aber nie auf ein gleichmäßiges Gas zu rechnen; durch höheren Wasserstoffgehalt erhält das Gas eine niedrige Entzündungstemperatur, und die Ladung entzündet sich dann vor dem Zündzeitpunkt selbsttätig durch die Verdichtungswärme.

Während nun durch Einwirkung der elektrischen Zündung die Entzündung von einem Punkt aus erfolgt und eine allmähliche Drucksteigerung zur Folge hat, setzt die durch die Verdichtungswärme bewirkte Entzündung an allen Punkten des Laderaumes zugleich ein. Man hat es nicht mehr mit einer mehr oder weniger schnellen Verbrennung, sondern mit einer Explosion zu tun, die sich als ein harter Stoß, unter dem oft der Motor in allen Teilen erzittert, äußert. Solche Stöße beanspruchen den Maschinenrahmen und die Kurbelwelle in dem Maß, daß es im Laufe der Zeit zu Brüchen kommt, die die Veranlassung zu gänzlicher Zerstörung des Motors sein können.

Die Grenze für die Verdichtung bei den Sauggasanlagen ist 15 Atm. Je mehr Wasserstoff und Kohlenwasserstoffe im Gase sind, um so niedriger die Entzündungstemperatur, je kohlenoxydhaltiger, um so höher liegt sie und um so stärker kann man verdichten. Bei dem hauptsächlich aus Kohlenoxyd bestehenden Gichtgas kann man unbeschadet über 15 Atm. verdichten.

a) Beseitigung des »harten Ganges«. Je nach der Qualität des Gases, der Höhe der Verdichtung und der Umdrehungszahl liegt der günstigste Zündzeitpunkt verschieden. Jeder gut gebaute Motor ist also, wie erwähnt, mit einer Einrichtung ausgestattet, durch die man den Zündzeitpunkt einstellen kann. Erfolgt die Zündung zu früh, so tritt die stärkste Druckbildung v o r dem Totpunkt ein, der Hubwechsel wird fühlbar und hörbar und die Leistung der Maschine ist geringer. Durch Einstellung der Zündung auf spätere Wirkung kann man dann den w e i c h e n Gang wieder herstellen.

b) Es gibt aber, wie vorstehend erläutert, noch eine andere Ursache für den harten stoßenden Gang, welcher sich nicht durch Verlegung des Zündzeitpunktes beseitigen läßt, die sog. Verdichtungszündungen. Das sicherste Mittel, sie zu erkennen, besteht darin, den Zündapparat während des Betriebes anzuhalten, indem man das Leitungskabel ausschaltet oder die Stoßstange festhält. Der Motor wird dann auch ohne Zündung weiterarbeiten, und die Stöße werden nach wie vor erfolgen. Ermäßigt man nun den Wasserstoffgehalt des Gases durch Abkühlen des Verdampferwassers, so kann, falls die Verdichtungstemperatur hart an der Grenze der Zündtemperatur lag, der normale Gang durch die Zündvorrichtung wieder erreicht werden. Der Brennstoffverbrauch wird dann aber ein größerer werden. Als ein besseres sicheres Mittel ist zu empfehlen, die Pleuelstange, falls möglich, nach und nach ver-

kürzen zu lassen; oft genügen hierfür schon einige Milli-
meter.

c) Abgenutzte Maschinenteile. Stöße, deren
Grund abgenutzte Maschinenteile sind, lassen sich meistens
daran erkennen, daß sie bei jeder Umdrehung hörbar sind,
beim Ansauge- und Verdichtungshub schwächer, beim Treib-
und Auspuffhub stärker. Haben sich die Pleuelstangenlager abgenutzt, so klopft oder stößt es stärker beim Ansaugen, weil dann ein Wechsel in der Druckrichtung eintritt, während die Lager beim Verdichtungs-, Treib- und
Auspuffhub immer in demselben Sinne unter Druck gehalten werden. Auch durch Lockerung der Schwungrad-
keile — wo solche noch vorhanden sind —, auch durch
Abnutzungen in den Teilen der Steuerung, in den Zähnen
der Steuerungsräder und in den Lagern der Kurbelwellen
können Stöße entstehen.

9. Der Motor läuft zu schnell.

Die Ursachen des zeitweisen oder andauernden Zu-
schnellaufens des Motors sind immer im Regulator und
den zugehörigen Teilen der Steuerung zu suchen. Ein
periodisches Steigen und Fallen der Umdrehungsgeschwindig-
keit findet statt, wenn der Regulator ungenügend geschmiert
oder verdicktes Öl in der Ölbremse ist, oder Teile sich
stark abgenutzt haben. Bei andauerndem Zuschnellaufen
wird man zuweilen durch einen Blick auf den Regulator
belehrt, daß dieser sich überhaupt nicht dreht. Der
Antriebsriemen[1]), falls ein solcher vorhanden ist, rutscht
dann, oder die Zähne der Antriebsräder sind gebrochen,
weil der Regulator ungenügend geschmiert wurde und sich
an irgendeiner Stelle »festgefressen« hat.

Der Motor muß dann bis zur nächsten Betriebspause
ständig unter Aufsicht bleiben und von Hand reguliert
werden.

---

[1]) Der Regulatorantrieb durch einen Riemen ist immer gefährlich.

Achter Abschnitt.

Prüfung der Sauggasanlagen auf Leistung, Wirtschaftlichkeit, Konstruktion, Ausführung und Betriebssicherheit.

Die Prüfung einer Sauggasanlage hat sich auf folgende Punkte zu erstrecken:

1. Bestimmung der größten Kraftleistung.
2. Bestimmung der für verschiedene Kraft-leistungen nötigen Brennstoffmengen.
3. Bestimmung des Verbrauchs an Kühl-wasser.
4. Bestimmung des Schmierölverbrauchs.
5. Prüfung der Konstruktion.
6. Prüfung der Ausführung.
7. Prüfung des Verhaltens während des Betriebes.

Die Prüfung der Motoren auf Kraftleistung und Brenn-stoffverbrauch gestaltet sich bei den Sauggasanlagen schwieriger wie bei anderen Motoren, weil wir es meistens mit größeren Maschinen zu tun haben, an denen sich die Kraftbremsen oft schwer anbringen lassen, und weil die hier benutzten festen Brennstoffe viel ungleichmäßiger im Heizwert sind wie das Leuchtgas und die flüssigen Brenn-stoffe, die durch und durch nur aus Brennstoff bestehen.

Solange die Kraftmessungen in Fabriken selbst an-gestellt werden, wo gute erprobte Einrichtungen und ein-geübte Leute vorhanden sind, ist das Bremsen der Motoren auch ohne wesentliche Gefahr auszuführen. Am Aufstellungsort selbst aber, mit neuen Bremsen und ungeübten Leuten kann die Bremsung nur von erfahrenen Ingenieuren oder Monteuren geleitet werden.

Die gebräuchlichen Kraftbremsen.

a) Die Pronysche Bremse ist im Jahre 1821 von dem französischen Ingenieur Prony angegeben worden und wird noch heute vielfach in unveränderter Form benutzt.

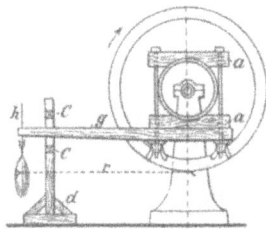

Wie aus Fig. 34 ersichtlich, gleicht die Pronysche Bremse einer »Backenbremse«, bei der der feste Aufhängepunkt fehlt. Durch Zusammenspannen der Bremsklötze wird am Riemscheibenumfang ein Reibungswiderstand erzeugt, dessen Größe durch das an den Hebel g gehängte Gewicht zum Ausdruck gelangt, wenn sich der Arm in der Schwebelage erhält. Es ist leicht verständlich, daß vom Motor

Fig. 34. **Pronysche Kraftbremse.**

dann eine Reibungsarbeit geleistet wird, die der Hebung des Belastungsgewichtes mit der Geschwindigkeit entspricht, welche der Aufhängepunkt des Gewichtes annehmen würde, wenn er an der Drehung teilnehmen könnte.

Um also die größte Arbeitsleistung des Motors zu bestimmen, hat man die Bremse so fest anzuziehen, daß die normale Drehungszahl noch eben erhalten bleibt und der Bremshebel g dabei die wagerechte Schwebelage einnimmt. Die geleistete Arbeit berechnet sich dann wie folgt: Der vom Aufhängepunkt h in der Sekunde durchlaufene Weg, falls er an der Drehung teilnimmt, ist gleich dem Umfang des Kreises vom Halbmesser r in Metern, multipliziert mit der Zahl der Umdrehungen in einer Sekunde. Als wirksames Gewicht kommt in Rechnung das Belastungsgewicht, vermehrt um das im Aufhängepunkt h wirksam gedachte Eigengewicht des Hebels. Nennt man den pro Sekunde durchlaufenen Weg des Aufhängepunktes h das gesamte Belastungsgewicht k, so sind von dem Motor in der Sekunde $v \times k$ Meterkilogramm Arbeit geleistet worden. Teilt man diese Arbeit durch 75 Meterkilogramm, gleich 1 Pferdestärke (PS), so erhält man die größte Leistung des Motors in Pferdestärken.

Da die Berechnung des im Aufhängepunkt wirksamen Eigengewichtes des Bremshebels umständlich ist, so empfiehlt sich, dies Gewicht in der Weise zu ermitteln, daß man den Gewichtshebel, wie aus Fig. 35 ersichtlich, mit dem Haken auf eine Wage legt und das andere Ende im Drehpunkt der Brems-backen unterstützt. — Mit Hilfe eines leichten Holz-stückes, welches zwischen die Backen geklemmt wird, und eines dünnen Eisen-stabes als Drehpunkt läßt sich das leicht erreichen. — Das von der Wage angezeigte Gewicht entspricht dann dem im Aufhängepunkt wirksamen Eigengewicht des Bremsarmes.

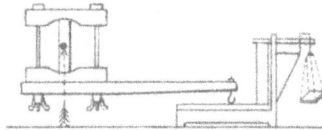

Fig. 35. Einrichtung für die Ermitt-lung des wirksamen Eigengewichtes des Bremshebels.

So einfach die Pronysche Bremse auch ist, einige Un-bequemlichkeiten hat sie doch an sich: Für jeden neuen Riemenscheibendurchmesser sind neue Bremsklötze anzu-fertigen, der lange Bremshebel erfordert viel Platz, und der Druck, mit dem die Bremsklötze bei dem verhältnismäßig kleinen Scheibendurchmesser angepreßt werden müssen, wird bei großen Kräften so bedeutend, daß sich bei Öl-schmierung das Öl und das Holz entzünden können. Dies hat dazu geführt, die Bremsscheibe innen mit Wasser zu kühlen oder auch die Schmierung der Backen mit Wasser zu bewirken. Da die eigentlichen Antriebsscheiben den Bremsbacken keinen seitlichen Halt geben, so müssen be-sondere Bremsscheiben angefertigt werden, und richtet man diese am besten gleich so ein, daß sie von innen gekühlt werden können. Die Scheiben haben dann die aus Fig. 36 ersichtliche Form.

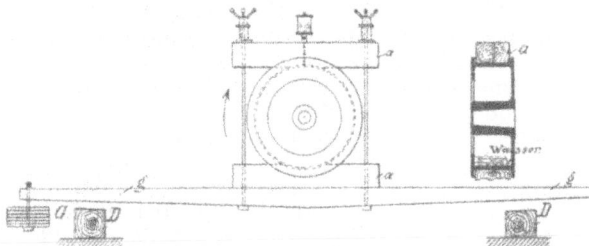

Fig. 36.
Doppelarmige Bremse mit wassergekühlter Bremsscheibe.

Sobald der Motor seine Umdrehungszahl hat, wird
das Kühlwasser in die Scheibe gegossen, es verteilt sich
dann über den ganzen Umfang und hält ihn gleichmäßig
kühl. Fängt das Wasser an zu dampfen, (es darf nicht
kochen), so gießt man langsam aus einer Gießkanne kaltes
Wasser nach, oder man läßt einen Gummischlauch in das
Innere der Scheibe hineinhängen, durch den ständig kaltes
Wasser nachfließt. Ein zweckentsprechend angebrachter
Vorhang aus Sackleinen fängt dann das aus der Scheibe
überspritzende Wasser auf. Die Bremse ist hier doppel-
armig dargestellt. Die beiden gleichlangen Arme sind aus-
zubalancieren und das Eigengewicht des Bremshebels braucht
nicht berücksichtigt werden. Außerdem verbindet sich
mit der doppelarmigen Bremse der Vorzug, daß der den
Ausschlag begrenzende Haltebock *d*, Fig. 34, fortfallen
kann. Zwei einfache, niedrige standfeste Böcke *D* be-
grenzen die Ausschläge des Hebels, die Böcke werden
immer nur nach unten gedrückt und brauchen nicht fest
mit dem Fußboden verbunden werden.

Da es häufig an Platz für die langen Bremsarme fehlt
und auch das umherspritzende Kühlwasser und die oft
starke Wasserdampfbildung lästig werden, so ist man auf
den Gedanken gekommen, den Schwungradumfang als
Bremsscheibe zu benutzen und an Stelle der Backenbremse
eine Eisenbandbremse zu verwenden. Der Reibungs-
druck ist bei dem großen Umfang des Schwungrades verhältnismäßig klein; man kann das Bremsband, sofern nicht
zu große Motoren in Frage kommen, noch mit Öl schmieren
und erreicht bei gut laufendem Schwungrad einen sehr
sicheren »Schwebestand« der Bremse und ein genaues
Bremsresultat. Diese Eisenband-Kraftbremsen sind zu
Ende der siebziger Jahre von Professor Brauer angegeben worden. In Fig. 37 ist deren Einrichtung dargestellt.

Als in Rechnung zu ziehender Hebelarm gilt hier
der wagerechte Abstand des Gewichtsschwerpunktes von
der Senkrechten durch Schwungradmitte. Damit dieser
Abstand immer erhalten bleibt, bringt man, wie aus der
Fig. 37 ersichtlich, den eigentlichen Haken weit nach
oben an und hängt das Gewicht mittels eines biegsamen
Stahlbandes an diesen auf, so daß es sich beim Auf- und
Abschwingen immer in derselben Senkrechten erhält.

Die Brauersche Bremse läßt sich leicht in die Gleich-
gewichtslage bringen und behält diese auch für genügend
lange Zeit bei, wenn sie innen in Abständen von 40 oder
50 cm mit Kupferblechstreifen armiert und mit konsistentem
Fett geschmiert wird. Begrenzt ist die Dauer des Bremsens

durch die allmähliche Erhitzung des Schwungradkranzes.
60—70° wird man ihn immerhin warm werden lassen
können, ohne befürchten zu müssen, daß Speichen abreißen.
Für größere Motoren wählt man nicht ein einzelnes breites

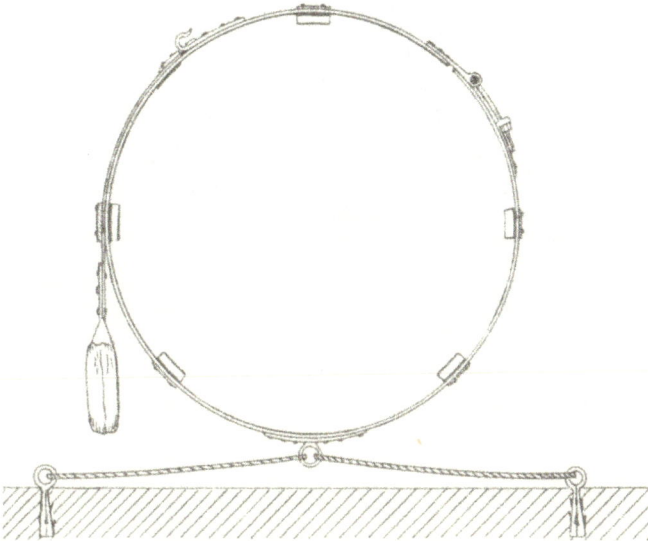

Fig. 37. Brauersche Eisenbandbremse.

Band, sondern legt mehrere schmale, die durch Querstege
verbunden sind, nebeneinander. Wo zwei Schwungräder
vorhanden sind, kann natürlich auf beiden gleichzeitig
gebremst werden. Zur Aufnahme der einzelnen Gewichts-
stücke dient am besten ein Sack aus festem Segeltuch.
In Fabriken sind auch Gewichtsscheiben, die sich bequem
auf einer Haltestange schichten lassen, im Gebrauch.

Um richtige Resultate zu erlangen, muß das Bremsen
bei betriebswarmer Maschine vorgenommen werden. Es
empfiehlt sich nicht, diese »Betriebswärme« durch Bremsen
herbeizuführen und das Schwungrad unnütz zu erwärmen,
vielmehr läßt man den Motor die Betriebswärme bei
schwachem Kühlwasserzufluß durch Leerlauf erreichen,
hängt das vorher berechnete Gewicht auf und zieht die
Bremse allmählich an. Je nachdem der Motor am Aufstellungsort mehr oder weniger zieht, wird das Gewicht
dann vergrößert oder verkleinert.

Seilbremse.

Eine weitere vielfach benutzte Kraftbremsenart ist die sog. Seilbremse, sie kann wohl als die bequemste Einrichtung bezeichnet werden, um Motoren an ihrem Aufstellungsort zu prüfen. Die Seilbremse eignet sich für kleine und große Motoren, sie ist billig herzustellen, beansprucht geringen Raum und läßt sich bei einiger Vorsicht auch ohne Gefahr handhaben.

In Fig. 38 ist eine Seilbremse dargestellt. Der Reibungswiderstand wird hier durch ein oder mehrere, auf dem Schwungradumfang schleifende Hanfseile a erzeugt. Mehrere Blechklammern b halten die Seile im richtigen Abstand von einander und hindern gleichzeitig das Abrutschen nach den Seiten hin. Die Belastung der Seile wird durch das

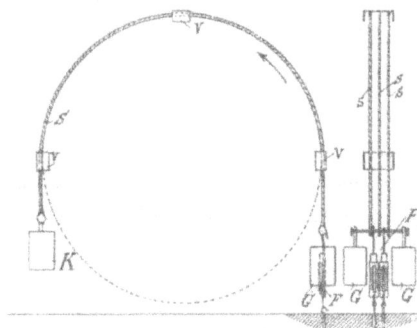

Fig. 38.   Seilbremse.

auf der einen Seite hängende Gewicht hergestellt, auf der anderen Seite der Seile ist eine am Fußboden befestigte Federwage angebracht. Es ist leicht verständlich, daß der Reibungswiderstand, den der Motor hier am Schwungradumfang überwindet, nicht direkt durch das Belastungsgewicht K zum Ausdruck kommt, sondern daß er gefunden wird, indem man das Gewicht K von dem Gesamtgewicht auf der andern Seite der Bremse abzieht, denn auf dieser Seite des Seiles macht sich nicht nur der Zug des Gewichtes K, sondern auch die Reibung des Seiles auf dem Schwungrad bemerkbar, deren Größe man ja ermitteln will. Das eigentliche Bremsgewicht erhält man also, indem man die auf der Federwageseite angezeigte Belastung um den Betrag von K vermindert.

Als der in Rechnung zu ziehende Radius des »Brems-
kreises« kommt hier wieder der wagerechte Abstand der
Gewichtshakenmitte von der Schwungradmitte in Betracht.

Die »Zug- oder Federwagen«, welche bei den Seilbremsen benutzt werden, sind in jedem Eisenwarengeschäft
bis zu 25 kg Wägelast billig zu haben. Da dies Gewicht
nur für kleine Motoren ausreicht, so kann man auch zwei
solcher Wagen nebeneinander anbringen und Säcke mit
Gewichtsstücken dazwischenhängen oder daneben. Gefahr
entsteht bei den Seilbremsen, wenn die Federwagen zu
stark beansprucht werden und ihre Befestigungshaken sich
aufbiegen — wie das schon mehrfach vorgekommen ist —,
das freiwerdende Ende der Bremse wird dann mit der
Umfangsgeschwindigkeit des Rades nach der anderen Seite
herübergeschleudert. Dieselbe Gefahr entsteht beim Anhalten des Motors, wenn zum Schluß das Rad in der
Verdichtungsperiode nach der anderen Seite herumschlägt.
Das Gewicht K kann dann nach der entgegengesetzten
Seite herübergeworfen werden. Es empfiehlt sich also, auf
beiden Seiten der Bremse »Sicherheitsseile« anzubringen. Da das Zurückschlagen des Rades beim Anhalten jedesmal auftritt, so gewöhne man sich bei allen
Bremsarten daran, vor dem Anhalten die Bremse ganz zu
lösen bzw. die Belastungsgewichte abzunehmen, bevor der
Motor ganz zum Stillstand gelangt.

Die Kraftbremsen mit ihren Belastungsgewichten ver-
größern den Druck in den Lagern der Motorenachse und
können dadurch die Leistung der Maschine beeinträchtigen.
Solange sich der Druck in gewissen Grenzen hält, wird
ja die Vergrößerung der inneren Reibung so gering sein,
daß sie nicht in Betracht kommt, wenn aber die Schwungräder sehr klein sind, also das Bremsgewicht groß ist, so
macht sich die Mehrbelastung der Lager doch fühlbar.
Das so erhaltene Bremsresultat fällt dann zu Ungunsten
des Motors aus.

Aus diesem Grunde darf man die Seilbremsen auch
nicht schmieren, wie das von unerfahrenen Monteuren
öfter geschieht, um länger bremsen zu können. Es sind
dann so große Belastungsgewichte nötig, daß die Seile
sehr dick gewählt werden müssen und die Kurbellager
warm laufen können. Seilbremsen sollen also nicht geschmiert werden, man kann auch mit trocknen Seilen,
wenn nur die genügende Anzahl nebeneinander liegt,
lange genug bremsen, um ein sicheres Resultat zu erhalten.

Lieckfeld, Die Sauggasmotoren. 8

Neben dem Bremsgewicht gehört, wie wir wissen, zur
Berechnung der Leistung eines Motors noch dessen Umdrehungszahl in der Sekunde. Die Instrumente, mit denen
diese ermittelt wird, sind die

Umdrehungszähler.

Für größere Motoren mit Umdrehungszahlen bis etwa
140 in der Minute verwendet man Zähler mit s p r i n g e n d e n
Zahlen, die meistens vom Fabrikanten des Motors mit-
geliefert werden. Das Instrument hat dann seinen bestimmten Platz an der Maschine, und die Vorrichtungen
für den Antrieb sind ebenfalls vorhanden.

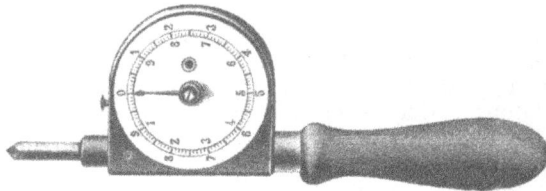

Fig. 39. **Umdrehungszähler** von W. Morell in Leipzig.

Für kleinere Motoren mit größeren Umdrehungszahlen
eignen sich die springenden Zahlen nicht. hier werden
Instrumente mit schleichenden Zahlen oder solche mit
Zeigern verwendet, die beim Gebrauch mit ihrer drei-
kantig zugespitzten Achse gegen den
Mittelpunkt der Kurbel- oder Steuerwelle
gedrückt werden. Unter der großen Zahl
der verschiedenen Zähler dieser letzten
Art hat sich das in Fig. 39 dargestellte
Instrument als sehr bequem im Gebrauch
erwiesen. Es hat ein verhältnismäßig
großes Zifferblatt mit deutlichen Zahlen.
Die Zeiger können schnell auf 0 eingestellt
werden, es ist für Rechts- und Linksdrehung
zu verwenden und besitzt Moment-Ein-
und Ausschaltung.

Anderer Art ist der in Fig. 40 dargestellte »Hand-Tachometer«. Dies
Instrument zählt nicht die Gesamt-Um-
drehungszahl, während der es an die
Achse gedrückt wird, sondern zeigt die
Umdrehungszahl, welche der Motor in
der Minute macht, direkt auf dem Ziffer-

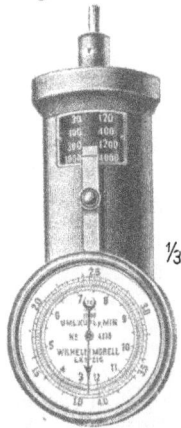

Fig. 40. **Hand-Tacho-
meter** von W. Morell
in Leipzig.

⅓

blatt an. Die Benutzung einer Uhr ist dabei also unnötig. Auch dieser Apparat ist bei Benutzung unabhängig von der Drehungsrichtung und stellt sich selbsttätig auf die Nullstellung ein, sobald er außer Verbindung mit dem Motor gebracht wird.

Das Arbeitsprinzip, welches diesen Tachometern zugrunde liegt, ist dasselbe wie das der bekannten Zentrifugalregulatoren. Der Zentrifugalkraft wirkt hier eine Feder entgegen, die Schwunggewichte sind derart mit einem Zeigerwerk verbunden, daß jeder Stellung der Schwunggewichte eine bestimmte Zeigerstellung entspricht. Das Zeigerwerk ist mit einer »Dämpfung« versehen, welche ein ruhiges Einspielen des Zeigers bewirkt. Der Apparat arbeitet in jeder Lage. Außer der dreikantigen Spitze zur Kuppelung mit der zu prüfenden Welle werden dem Instrument noch Gummikörner und Muffen, Gummitrichter, Verlängerungsstange und Rollscheibe mitgegeben, welche zur Kuppelung verwendet werden können, falls die mit dem Dreikant nicht ausführbar ist.

Die besprochenen Hand-Umdrehungszähler und Tachometer entstammen der Fabrik von W i l h e l m M o r e l l in L e i p z i g. Der Umdrehungszähler (Fig. 39) kostet M. 15.—, der Hand-Tachometer (Fig. 40) M. 100.—.

Beispiel zur Berechnung der Kraftleistung.

Es betrage das Bremsgewicht 100 kg, und es wären 160 Umdrehungen pro Minute gezählt worden, der wagerechte Abstand des Bremsgewichtes von der Achsenmitte des Motors sei 2 m, dann ist der in Rechnung zu ziehende Bremsumfang $= \pi \cdot 4\,\text{m} = 12{,}566\,\text{m}$, die Zahl der Umdrehungen $\frac{160}{60}$ pro Sekunde. Der Weg, auf dem das Bremsgewicht in einer Sekunde als gehoben zu betrachten ist, ist also $\frac{160}{60} \times 12{,}566 = 33{,}509\,\text{m}$.

Die geleistete Arbeit also gleich
$$33{,}509\,\text{m} \times 100\,\text{kg} = 3350{,}9\,\text{mkg}.$$
In Pferdestärken ausgedrückt, hätte der Motor also $\frac{3350{,}9}{75} = 44{,}68$ PS geleistet.

Prüfung des wirtschaftlichen Wertes.

Zur Prüfung des wirtschaftlichen Wertes gehört die Bestimmung des Brennstoff-, Kühlwasser- und Schmierölverbrauches. Um die gefundenen Resultate mit denen

8*

von anderen Motoren vergleichen zu können, berechnet
man jedes Ergebnis für 1 PS und 1 Stunde.

Die Bestimmung des Brennstoffverbrauches einer Sauggasanlage ist nicht so sicher ausführbar wie bei den mit
Leuchtgas und flüssigen Brennstoffen arbeitenden Motoren.
Für den praktischen Gebrauch genügt es, die
Brennstoffhöhe im Generator vor und nach dem
Bremsversuch mittels eines Stabes mit Fußplatte,
wie aus Fig. 41 ersichtlich, festzustellen. Unmittelbar hinterher wird dann von einer abge-
wogenen Brennstoffmenge so viel nachgeschüttet,
daß der Anfangsstand im Generator wieder erreicht ist. Auf große Genauigkeit kann diese
Prüfungsart zwar keinen Anspruch machen, man
kann den Versuch aber leicht wiederholen und
findet so ein für die Praxis genügend genaues
Resultat.

Der durchschnittliche Brennstoffverbrauch
einer größeren Sauggasanlage beträgt bei voller
Belastung für die Bremspferdestärke und Stunde

Fig. 41.
Maßstab für
den Brenn-
stoffver-
brauch im
Generator

0,35—0,42 kg Anthrazit   von 8000 WE,
0,43—0,48 » Koks   »   6800 »
0,60—0,68 » Braunkohlenbriketts » 5000 »

Wo es auf genaue Bestimmung des Wärmeverbrauches
der Maschine ankommt, muß man den Heizwert einer
Durchschnittsprobe des Brennstoffes von der Prüfungsan-
stalt einer größeren Motorenfabrik oder eines Dampfkessel-
überwachungsvereins ermitteln lassen. Die während der
Versuchszeit gebildeten Aschen- und Schlackenmengen
sind von der Gesamtbrennstoffmenge abzuziehen und dann
der Wärmeverbrauch für Pferdestärke und Stunde zu berechnen. Mit dieser Wärmemenge ist dann erst der richtige
Anhalt für den Vergleich des Wirtschaftlichkeitsgrades verschiedener Motorensysteme gefunden. Zu berücksichtigen
ist dabei nur noch, daß die verglichenen Anlagen annähernd
gleiche Größe haben müssen.

Der Wärmeverbrauch der mit Generatorgas gespeisten
Motoren beträgt je nach der Größe etwa 2150—2500 WE
für eine Pferdestärke und Stunde, auf den Brennstoffverbrauch im Generator bezogen, welcher einen Nutzwert
von 75—80 % hat, also etwa 2750—3300 WE.

Bei großen Motoren von 800 PS und darüber wird
die Bestimmung der Leistung mit Hilfe von Kraftbremsen
unbequem. Man muß es dann bei Berechnung der Leistung
aus dem Indikatordiagramm, von dem später die Rede

sein wird, bewenden lassen. Nur wenn die Motoren
zum Betrieb von Elektrizitäts- oder Wasserwerken dienen,
hat man aus der erzeugten elektrischen Energie oder
der gehobenen Wassermenge jederzeit Werte zur Hand,
mit Hilfe deren sich die Leistung der Motoren berechnen läßt.

Theoretisch entsprechen 737 »Watt« (1 Watt gleich
1 Volt × 1 Ampere) einer Pferdestärke. Da der Nutzwert
der Dynamomaschinen mit genügender Genauigkeit bekannt ist, so läßt sich dann die wirkliche Leistung des
Motors leicht berechnen. Bei Wasserwerken sind meisten-
teils auch die Nutzwerte der Pumpen und der Leitungswiderstand in der Rohrleitung bekannt, so daß man auch
hier aus der gehobenen Wassermenge die Leistung des
Motors berechnen kann.

Kühlwasser und Schmierölverbrauch.

Gleichzeitig mit dem Bremsversuch ist auch die Menge
und Temperatur des abfließenden Kühlwassers zu bestimmen. Die durch das Kühlwasser abgeführte Wärmemenge bildet einen guten Prüfstein für die Güte der
Konstruktion des Motors. Für größere mit Generatorgas
betriebene Motoren kann man annehmen, daß **36%** der
im Gase steckenden Wärmemenge durch das Kühlwasser
abgeführt werden, **30%** gehen mit den Auspuffgasen fort,
28% werden in nutzbringende Arbeit umgewandelt und
6% werden durch das Maschinenreibung verbraucht.

Der Kühlwasserverbrauch eines großen Motors ist, auf
die Stundenpferdestärke bezogen, ungünstiger wie der des
kleinern. Weil dort die Wandstärken der zu kühlenden
Teile erheblich dicker sind, die abzuführende Wärme
mit dem Kubus des Inhaltes des Verbrennungsraumes zu-
nimmt, während die Kühlfläche sich annähernd nur im
Quadrat vergrößert und das Wasser kälter abfließen muß.
Am günstigsten stellt sich der Kühlwasserverbrauch und
auch die mit dem Kühlwasser abgeführte Wärme bei
Motoren von etwa 40—70 PS; dementsprechend haben
diese Maschinen auch den besten Brennstoffverbrauch.

Zur Bestimmung des Ölverbrauches, bei dem hauptsächlich das Schmieröl für den Zylinder in Frage kommt,
stellt man den Ölstand im Behälter vor und nach Be-
endigung des Versuches fest und gießt aus einer abge-
wogenen gefüllten Ölkanne so viel nach, bis der Anfangsstand im Behälter wieder erreicht ist.

Als Anhalt für den Ölverbrauch größerer, gut ein-
gelaufener und sorgfältig gewarteter, mit gutem Öl ge-
schmierter Motoren möge dienen, daß etwa 2 g für die
Pferdestärke und Stunde zu rechnen sind.

Gleichförmigkeit des Ganges.

Bei Untersuchung der Gleichförmigkeit des Ganges
sind zu unterscheiden die Regulierfähigkeit, dargestellt
durch die mehr oder weniger große Differenz der Umdrehungszahl zwischen Leergang und Vollgang, und der
Gleichförmigkeitsgrad, dargestellt durch die mehr oder
weniger große Schwankung der Umdrehungsgeschwindig-
keit innerhalb einer Arbeitsperiode.

Die Regulierfähigkeit ist abhängig von der Güte des
Regulators, der Gleichförmigkeitsgrad von der Schwere
des Schwungrades. Regulierfähigkeit und Gleichförmigkeitsgrad werden durch den Tachometer ermittelt.

In Fig. 42 ist ein solcher dargestellt, wie er für größere
Anlagen benutzt wird. Das Instrument steht hier in
dauernder Verbindung mit dem Motor, so daß der Gleichförmigkeitsgrad jeden Augenblick abgelesen werden kann.

Fig. 42. **Tachometer** von W. Morell in Leipzig.

Der Unterschied der Zahlen, welche der Tachometerzeiger für Vollgang und Leergang und umgekehrt anzeigt,
gibt den Ausdruck für die Regulierfähigkeit; er soll bei
guten Motoren nicht mehr wie **4—5 %** betragen. Be-
lastungsschwankungen zwischen $\frac{1}{2}$ Last und Vollast
ca. 3 % und zwischen $\frac{3}{4}$ Last und Vollast 1—$1\frac{1}{2}$ %.

Das Verhältnis aus den Zahlen, zwischen welchen der
Tachometerzeiger innerhalb der einzelnen Arbeitsperioden
beim Vollgang schwankt, soll sein: für Gewerbemotoren
mit einem Schwungrad 1 : 40, für Motoren, welche dem

Betrieb elektrischer Lichtanlagen, Spinnereien, Webereien, Holzbearbeitungsfabriken und Anlagen mit Seilantrieben dienen, 1 : 80, für Motoren, bei denen es sich um den Betrieb von Wechsel- oder Drehstromanlagen handelt und hierbei verschiedene Maschinensätze p a r a l l e l arbeiten sollen, 1 : 130.

Das wichtigste Instrument zur Prüfung des Motors ist

der Indikator.

Mit ihm läßt sich nicht nur die Leistung des Motors bestimmen, sondern auch die Güte der Konstruktion und die Ursachen von Störungen. Wie aus Fig. 43 ersichtlich,

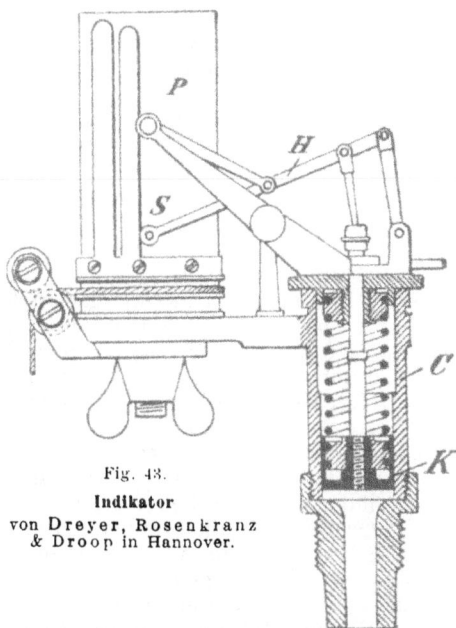

Fig. 43.

Indikator
von D r e y e r , R o s e n k r a n z
& D r o o p in Hannover.

besteht der Indikator aus einem kleinen Zylinder mit dem genau schließenden Kolben K, welch letzterer von oben durch eine Spiralfeder belastet ist.

Setzt man den Zylinder C mit dem Verbrennungsraum des Motors in Verbindung, so werden sich die hier ab-spielenden Druckwechsel ungeschwächt auf den Indikator-kolben übertragen und dieser wird bei Überdrucken hoch-getrieben und bei Unterdrucken heruntergezogen. Die

Stange des Kolbens ist durch eine Pleuelstange und »Lenkvorrichtung« so mit dem Schreibhebel H verbunden, daß der Schreibstift S eine gerade Linie auf der Papiertrommel P verzeichnet.

Letztere wird durch eine Schnur und Hubverkleinerung mit dem Motorkolben oder mit einer besonderen kleinen Kurbel so in Verbindung gebracht, daß sie sich entsprechend dem Motorkolben bewegt, während gleichzeitig der Schreibstift entsprechend den Druckwechseln im Arbeitszylinder rechtwinklig zur Drehungsebene betätigt wird. Durch das Zusammenwirken beider Bewegungen entsteht auf dem Papier der Trommel P eine Figur, das Indikatordiagramm, aus der sich ablesen läßt, welcher Druck an jedem Teil des Hubes im Arbeitszylinder geherrscht hat, welche Arbeit während des Treibhubes geleistet wurde, wann die Zündung erfolgte, wann die Ventile geöffnet wurden usw.

Die aus dem Diagramm berechnete Arbeit nennt man die indizierte Arbeit. Die Arbeit, welche von der inneren Reibung der Maschine, vom Herausdrängen der Verbrennungsprodukte und dem Ansaugen der neuen Ladung beansprucht wird, ist mit in dieser indizierten Leistung enthalten und kommt zum Ausdruck, wenn man die mit der Kraftbremse ermittelte Leistung von der indizierten abzieht. Für nicht zu große oder zu kleine gut konstruierte Motoren beträgt dieser Arbeitsverlust 12—15 %.

Die Stärke der Indikatorfeder ist so zu wählen, daß der Schreibstift durch den normalen Verbrennungsdruck über die ganze Höhe der Papiertrommel geführt wird, und ebenso ist auch das Drehungsmaß der Papiertrommel möglichst auszunutzen. Das Indikatordiagramm wird dann so groß wie möglich, und alle Druckverhältnisse im Verbrennungsraum sind um so deutlicher erkennbar.

Je nach der Größe des Indikators benutzt man Federn, bei denen der Schreibstift für je eine Atmosphäre Bewegungen von 1, $1^1/_2$ oder 2 mm macht.

Von Wichtigkeit für die Indikatorversuche ist noch die Bewegungseinrichtung für die Papiertrommel. In allen Fällen ist der Hub des Motors ja bedeutend größer wie der Auszug der Papiertrommel, und es sind geeignete Rollen- oder Hebelübersetzungen zwischen Arbeitskolben und dem Papiertrommelauszug herzustellen.

In Fig. 44—46 sind derartige Einrichtungen dargestellt.

Während bei der Hebel- und der Schnurrollenübersetzung die Proportionalität zwischen Kolbenhub und Indikatorbewegung ohne weiteres besteht, muß man bei

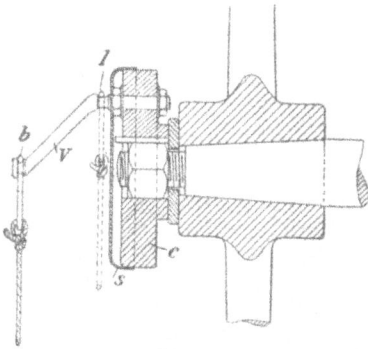

Fig. 44.
Kurbel für die Bewegung der Papiertrommel des Indikators.

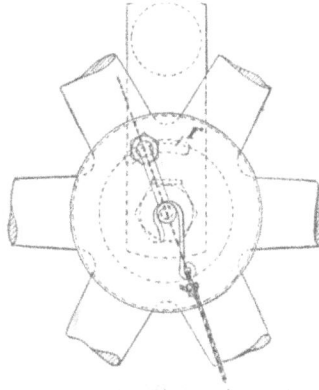

Fig. 45.
Kurbel für die Bewegung der Papiertrommel des Indikators.

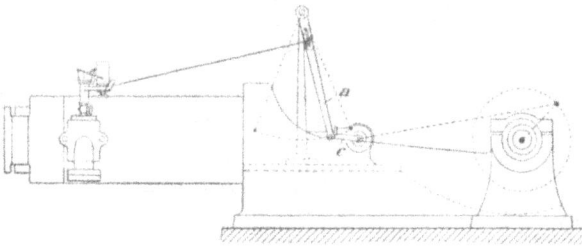

Fig. 46.
Hebelanordnung für die Bewegung der Papiertrommel des Indikators
vom Kreuzkopf aus.

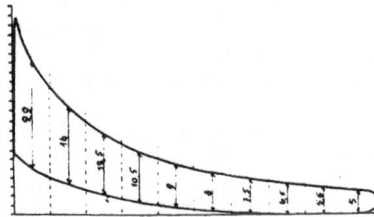

Fig 47.
Einteilung des Diagrammes für Ermittlung des
mittleren Druckes.

Verwendung der Kurbel Fig. 44 und 45 darauf achten,
daß die Indikatorkurbel für die Papiertrommel die Tot-
punktstellung zu derselben Zeit einnimmt, wie dies bei der
Kurbel des Motors der Fall ist.

Für den Konstrukteur ist der Indikator von jeher
ein unentbehrliches Instrument zur Erprobung seiner
Motoren gewesen. Viel zu wenig ist aber bei den Motoren-
besitzern bekannt, von welch großem Nutzen der Indikator
für die Erhaltung eines sicheren sparsamen Betriebes ist,
denn mit seiner Hilfe lassen sich alle Mängel im Entstehen
entdecken und beseitigen, ehe sie Schaden bringen.

Die Größe der von dem Motorkolben übertragenen
Arbeit wird am einfachsten in der Weise ermittelt, daß
man das Diagramm nach Art der Fig. 47 in eine Anzahl
gleicher Abschnitte teilt. Die mittlere Höhe jedes einzelnen Abschnittes gibt den mittleren Druck an, welcher
während dieses Teils des Hubes geherrscht hat, und aus
dem Durchschnitt aller Mittelhöhen erhält man dann den
mittleren Druck, welcher während des ganzen Treibhubes als wirksam anzusehen ist. Wie erwähnt, lassen
sich aus dem Diagramm auch die Vorgänge verbildlichen,
welche mit dem Ansaugen der Ladung und dem Aus-
stoßen der Verbrennungsprodukte verknüpft sind. Da
die hierbei in Frage kommenden Drucke sehr gering sind,
so wählt man für diese Zwecke eine sehr schwache Feder
und möglichst einen Indikatorkolben von größerem Durchmesser.

Prüfung der Konstruktion.

Für die Prüfung der Konstruktion ist folgendes zu
beachten.

Die Kurbellager des Motors sollen bis dicht an
die Kurbelarme heranreichen. Beim Arbeiten des Motors
dürfen sich in den Lagern weder Bewegungen noch Stöße
bemerkbar machen. Der »Zylindereinsatz« ist für alle
Motoren zu fordern. Die Kühlräume müssen so angeordnet und eingerichtet sein, daß die Temperatur an allen
Teilen gleichmäßig erhalten werden kann.

Das Schwungrad bzw. die Antriebsriemen-
scheiben sollen möglichst dicht an die Kurbellager heran-
gerückt sein. Ungenügende Stärke des Schaftes oder der Arme
der Kurbelachse machen sich durch seitliches Flattern
und Zittern des Schwungradkranzes bemerkbar. Berührt
man die abgedrehte Seitenfläche des Schwungradkranzes
leise streifend mit dem Finger, so kann man das etwaige
Zittern des Rades im Moment der Zündung deutlich fühlen.

Die Konstruktion der Ventilgehäuse ist so auszuführen, daß die Ventilkegel schnell herausgenommen
werden können. Die Schleifflächen in den Gehäusen
müssen dem Auge möglichst direkt sichtbar sein, damit
das Nachschleifen bequem ausführbar ist und der dichte
Schluß leicht kontrolliert werden kann.

Der Regulator soll sich für jede Belastung des
Motors »einstellen«, auch für den Leergang soll er einen
bestimmten Stand einhalten. Der Regulator und seine
Verbindung mit der Steuerung entspricht nicht den Anforderungen, welche man an diese Konstruktionsteile stellen
darf, wenn er bei jeder Zündung »zuckt« und bei Wechseln
in der Belastung von einer Endstellung in die andere fliegt.

Die Zylinderschmierapparate sollen so konstruiert sein, daß die Schmierung mit Ingangsetzung selbsttätig beginnt und beim Anhalten selbsttätig aufhört. Bei
großen Motoren, wo das Öl zwischen Kolben und Zylinderwand eingepreßt wird, muß dies am Ende des Aushubes
erfolgen, wo der Kolben langsam läuft und der Druck im
Zylinder gering ist. Diese wichtige Regel wird häufig nicht
befolgt und werden die Öldruckapparate zu ganz willkür-
licher Zeit betätigt.

Über die Konstruktion im allgemeinen ist noch zu
erwähnen: Der bewegten Organe seien möglichst wenige.
Das Zustandekommen jeder einzelnen Bewegung und auch
die Art des Auseinandernehmens der einzelnen Teile muß
sofort erkennbar sein. Die Zahl der Hebel und Gelenke
für die Steuerung sei so gering wie möglich, denn je mehr
Drehpunkte, um so mehr Geräusch und um so größer die
Ungenauigkeiten, welche sich mit der Zeit in den Ventil-
bewegungen ausbilden.

Alle Teile, welche bei Reinigung des Motors zu entfernen sind, müssen ohne Schwierigkeiten und in kürzester
Zeit auseinandergenommen werden können. Je bequemer
diese Arbeiten ausführbar sind, um so mehr Vertrauen
verdient die Konstruktion.

Es ist zu empfehlen, daß der Käufer eines Motors den
Kolben in seiner Gegenwart herausnehmen läßt, die Ventilkegel selbst entfernt oder den Zündstutzen abschraubt, um
zu erkennen, ob der leichten Ausführbarkeit dieser Arbeiten
die nötige Beachtung bei der Konstruktion geschenkt ist.

Prüfung der Ausführung.

Der bekannte Wahlspruch eines hervorragenden Ma-
schinenfabrikanten »Gute Arbeit ist mein bestes Patent«
gilt für keine Maschine mehr wie für den Gasmotor. Die

besten Konstruktionen sind wertlos, wenn sich nicht tadellose Ausführung zu ihnen gesellt. Die Prüfung der Ausführung muß also mit besonderer Gründlichkeit vorgenommen werden und hat sich auf folgende Punkte zu erstrecken:

1. Auf Dichthalten des Kolbens.
2. Auf eine tadellose porenfreie, dichte Zylinderlauffläche.
3. Auf sorgfältige Beseitigung des Formsandes aus den Ventilgehäusen, Kanälen und Kühlwasserräumen.
4. Auf »weichen Gang« der Gelenke.
5. Auf Härtung aller Teile, welche der Abnutzung unterworfen sind, also Gelenkbolzen, Daumen oder Nocken, zugehörige Rollen und alle Muttern, welche häufiger gelöst werden müssen, d. h. die der Ventildeckel, Pleuelstangen und Achslager.
6. Auf das Vorhandensein gehärteter Büchsen und Bolzen in allen Gelenken der Steuerung, welche nicht mit nachstellbaren Lagern versehen sind.
7. Auf vollkommen scharf ausgeschnittene Gewinde der Schraubenbolzen und Muttern, sowie darauf, daß die Muttern leicht und doch sicher, ohne seitliche Bewegungen zuzulassen, zu drehen sind.
8. Auf gutes Passen der Schraubenschlüssel zu den Muttern.

1. Um den Kolben auf Dichthalten zu prüfen, dreht man das Schwungrad so weit herum, daß sich der Verdichtungswiderstand voll geltend macht, und hält das Rad möglichst lange in dieser Lage fest. Der Widerstand soll dann wenig schwinden und der Kolben beim Loslassen des Rades mit Kraft vorgetrieben werden. Bei gut eingepaßtem Kolben wird er auch nach minutenlangem Festhalten noch energisch vorgetrieben werden.

2. Porosität der Zylinderwand äußert sich durch Rostbildung auf der Zylinderlauf- und Kolbenfläche und, falls die Poren groß sind, durch Fortschleudern rostbraun gefärbten Wassers aus der Zylindermündung. Der Pleuelstangenschaft und die Kurbelarme sind dann bei solchen Motoren mit der braunen Flüssigkeit bespritzt.

3. Wenn die Zahl der Wasser durchlassenden Poren nicht zu groß ist, so lassen sie sich durch »Dichthämmern« schließen. Um die Lage der einzelnen Öffnungen festzustellen, verstopft man den Kühlwasserabschluß und setzt den Wassermantel unter gelinden Druck. Allmählich vor-

tretende Wasserperlen zeigen dann die Lage der Poren
genau an. Da das Dichthämmern nur Erfolg hat, wenn
der innere Druck beseitigt wird, so müssen die Lagen
der einzelnen Wasserperlen mit der Reißnadel umzogen
werden, damit die Lage während des Hämmerns sicht
bar bleibt.

Die gründliche Reinigung der Hohlräume — Ventilgehäuse, Kanäle und Kühlwasserräume — von Formsand-
resten ist von größter Bedeutung, weil der scharfe Sand
sich auf den Ventilschleifflächen festschlägt oder in den
Zylinder gerät und hier Riefen einschleift. In den Wasser-
mänteln spült das Wasser den Formsand nach und nach
los, dieser sinkt nach unten, sammelt sich dort an und
kann die Wasserzirkulation stören.

4. Die Prüfung auf »weichen« sicheren Gang
der Gelenke an den Gestängen der Steuerung und Regu-
liervorrichtung ist in der Weise vorzunehmen, daß man
die Ventile und den Regulator von den Gestängen durch
Entfernen der zugehörigen Bolzen abkuppelt und nun das
im übrigen verbunden bleibende Gestänge in den Bahnen
hin und her führt, die es beim Betriebe durchläuft. Sind
die Gelenke genau zusammengepaßt und die zugehörigen
Teile genau montiert, so fühlt man in der Gleichmäßigkeit
des Widerstandes deutlich den weichen Gang. Die Gelenk-
stangen sollen auch, ohne rechts oder links an den Gabeln
der Gelenke anzustoßen, wieder leicht an ihren Ort zu
bringen sein und der Gelenkbolzen sich leicht einführen
lassen.

5. Alle der Abnutzung unterworfenen Teile,
welche nicht nachstellbar ausgeführt werden können, müssen
gehärtet sein. Dazu gehören der Lagerbolzen im Kolben,
die Daumen oder Nocken mit zugehörigen Rollen und
Bolzen, Wälzhebel, Kulissen, Kulissensteine, Schleifhebel
und Schleifringe und alle Muttern, welche häufiger gelöst
werden. Die genügende Härte dieser Teile wird geprüft,
indem man sie mit einer kleinen wenig gebrauchten harten
Schlichtfeile zu ritzen versucht. Es ist auch zu empfehlen,
sich Bruchproben der gehärteten Teile vorlegen zu lassen,
aus denen dann deutlich zu sehen ist. wie weit die Härtung eingedrungen ist. Die harte Schicht soll $1^{1}/_{2}$—2 mm
stark sein.

6. Die aus Gußeisen, Stahlguß oder Schmiedeeisen
gefertigten Steuerungs- und Regulatorhebel müssen an
ihren Drehpunkten mit gehärteten und genau zum Dreh-
zapfen passenden Büchsen ausgerüstet sein, von deren guten
Härtung man sich ebenfalls zu überzeugen hat.

7. Gut ausgeschnittene Gewinde der Schraubenbolzen und genau passende Muttern sind das sicherste Zeichen für sorgfältige Ausführung. Der sichere Gang der Muttern auf den Bolzen wird geprüft, indem man sie hier und dort löst und mit der Hand abschraubt. Es soll sich dann ein leichter gleichmäßiger Widerstand bemerkbar machen, die Mutter darf seitlich nicht wackeln, und ihr Gewinde soll ebenso sorgfältig ausgeschnitten sein wie das des Bolzens.

Prüfung des Verhaltens des Motors im Betriebe.

Prüfung auf leichtes Anlassen und leichten geräuschlosen Gang.

Erst die Einführung der »Sauggasanlagen«, bei denen der Motor das Gas selbst herbeiholen muß und dessen Qualität nicht so gleichmäßig wie die des Leuchtgases ist, brachte es mit sich, daß man auch dem mühelosen Anlassen größere Beachtung geschenkt hat. Die Ansprüche, welche bis dahin in dieser Beziehung gestellt wurden, waren sehr bescheiden. Es wurde als selbstverständlich angesehen, wenn zum Anlassen eines 20 oder 30 PS-Motors ein halbes Dutzend Schwungraddreher zusammengerufen wurden, die mit vereinten Kräften die Maschine in Gang brachten. Heute ist es selbstverständlich, daß jede Sauggasanlage eine Druckluft-Anlaßvorrichtung besitzt, mit welcher der Wärter den Motor durch einen, höchstens zwei Druckluftantriebe allein in Gang bringen kann.

Der leichte Gang eines Motors hat wesentlichen Einfluß auf den Brennstoffverbrauch. Er hängt ab von der genauen Ausführung, von der Schwere des Schwungrades, der Umdrehungszahl und vom »Anzug« der Lager.

Ein mit schwerem Schwungrad ausgerüsteter Motor hat größere Reibungswiderstände zu überwinden, wie ein solcher mit leichtem Schwungrad. Ebenso bietet auch ein schnellaufender Motor mit vielen Kolbenwechseln verhältnismäßig größere Widerstände wie ein mäßig schnell laufender.

Ein sog. »langer Auslauf« des Motors, d. h. eine große Zahl von Umdrehungen nach Abschluß der Gaszufuhr bis zum völligen Stillstand, ist nicht immer ein Zeichen für leichten Gang. Die Länge des Auslaufs hängt wesentlich von der Schwere und Größe der Schwungräder ab. Den besten Anhalt für die Beurteilung des leichten Ganges bietet das Verhalten des Motors kurz vor dem Stillstand.

Das Schwungrad soll nicht mit einem Ruck stillstehen, sondern ganz allmählich. Als weiteres Zeichen für den leichten Gang mit gut dichtendem Kolben und Ventilen bietet das »Pendeln« des Schwungrades dar. Ist nämlich der Motor dem Stillstand nahe, und reicht die lebendige Kraft des Rades nicht mehr hin, die volle Kompression zu überwinden, so wird das Rad zurückgetrieben, schwingt in entgegengesetzter Richtung herum, treibt den Kolben auch hier bis nahe dem Totpunkt und »pendelt« hin und her, bis endlich der Stillstand erfolgt. Je größer die Zahl der Pendelschwingungen, um so leichter der Gang des Motors.

Der geräuschlose Gang ist eines der besten Kennzeichen für gute Konstruktion und Ausführung. Im Augenblick der Zündung darf kein Stoß hör- oder fühlbar sein, das Heben und Senken der Ventile, und das Arbeiten der Steuerungsteile während des Betriebes muß unhörbar sein.

Motoren, bei denen das gesteuerte Einlaßventil vibriert oder mit hörbarem Schlag auf den Sitz fällt, bei denen der Auslaßdaumen mit vernehmbarem Schlag gegen die Rolle des Steuerungshebels schlägt, sind nicht sorgfältig konstruiert oder ausgeführt; bei ihnen werden die Ventile und Steuerungsteile bald reparaturbedürftig sein. Die für den Antrieb der Steuerwelle etwa verwendeten konischen Räder müssen dicht kämmen und ohne Geräusch arbeiten; das Anheben des Auslaßventiles darf sich nicht durch einen Stoß in den Zähnen bemerkbar machen. Bei Verwendung von Schraubenrädern für den Antrieb der Steuerwelle darf keine Verschiebung dieser Welle oder gar der Kurbelachse beim Anhub des Auslaßventiles bemerkbar werden. Auch der Regulator, der ja meistens von der Steuerwelle angetrieben wird, kann dann ungünstig beeinflußt werden.

Das Geräusch beim Ansaugen der Luft und namentlich das Auspuffgeräusch muß mäßig sein, und darf das letztere die Nachbarschaft nicht belästigen. Es empfiehlt sich, von vornherein den Lieferanten des Motors für genügende Beseitigung des Auspuffgeräusches verantwortlich zu machen.

Sachverzeichnis.